数字化地震地球物理观测仪器使用维修手册：
地下流体观测仪器

李正媛　熊道慧　刘高川　主编

地震出版社

图书在版编目（CIP）数据

数字化地震地球物理观测仪器使用维修手册. 地下流体观测仪器 / 李正媛，熊道慧，刘高川主编 .— 北京：地震出版社，2021.9
ISBN 978-7-5028-5095-1

Ⅰ. ①数… Ⅱ. ①李… ②熊… ③刘… Ⅲ. ①地下流体–地球物理观测仪器–手册 Ⅳ. ① TH762-62

中国版本图书馆 CIP 数据核字（2019）第 216438 号

地震版 XM4577/TU（6149）

数字化地震地球物理观测仪器使用维修手册：
地下流体观测仪器

李正媛　熊道慧　刘高川　主编

责任编辑：王亚明
责任校对：凌　樱

出版发行：**地震出版社**
　　　　　北京市海淀区民族大学南路 9 号　　　　邮编：100081
　　　　　销售中心：68423031　68467991　　　　传真：68467991
　　　　　总编办：68462709　68423029
　　　　　http://seismologicalpress.com
经销：全国各地新华书店
印刷：北京广达印刷有限公司

版（印）次：2021 年 9 月第一版　2021 年 9 月第一次印刷
开本：710×1000　1/16
字数：256 千字
印张：14.25
书号：ISBN 978-7-5028-5095-1
定价：58.00 元
版权所有　翻印必究
（图书出现印装问题，本社负责调换）

数字化地震地球物理观测仪器使用维修手册：
地下流体观测仪器

顾　问：赵家骝　宋彦云　余书明　车　时　马宏生　陈华静
　　　　滕云田
主　编：李正媛　熊道慧　刘高川
副主编：杨贤和　梁毅强　张晓刚　石　岩

前　言

　　《数字化地震地球物理观测仪器使用维修手册》（以下简称《手册》）针对我国地震地球物理台网中正在使用的数字化观测仪器，分为地壳形变、电磁、地下流体三个学科独立成册，分别介绍各学科所选定的各类观测量的观测方法和相应的观测技术。本着夯实基础、强化技能、规范操作的宗旨，《手册》侧重于介绍台网所使用的主流观测仪器的原理、结构、功能、技术指标等基础知识，以及仪器安装、调试、操作使用与维修维护等相关内容。

　　《手册》注重实践，突出操作技能传承，与相关教材互为补充。《手册》的特点之一——紧扣操作技能引导，编入了三大学科各类观测仪器的电路原理及图件内容，为仪器的使用者和相关技术人员提高自身驾驭仪器的能力提供了条件，这也是与以往编写的同类教材的重要区别之一；《手册》的特点之二——编入了仪器故障甄别方法和典型维修实例，使仪器使用者在遇到故障需要维修时，不致因为没有相关参考资料而束手无策，为基层台站观测能够顺利进行提供基础性保障。《手册》以读者具备初步电子技术知识为基础，衔接相关规范与标准，兼顾地震行业相关教材资料，可作为仪器使用者岗位操作时的基本工具资料，也可以作为相关技术人员扩展新知识的导引，通过学习逐渐提高自身能力水平。总之，《手册》的编写将为基层台站人员，从掌握日常维护技术到安装调试水平的提高，从掌握一般故障处理方法到板级维修、芯片级维修方向的发展，搭建一个阶梯。

　　《手册》的编写不仅为适应新时期全国地震监测台站改革与能力建设的新要求，满足全国地球物理台网大规模观测仪器连续、可靠运行的需求，也将在涉及地震监测预报的各类科研项目建设中，在推进仪器更新、促进仪器自主研发以及今后台网运维保障购买第三方服务模式的探索中，起到桥梁作用。

　　《手册》的编写，是在多期仪器使用与维修培训，特别是在中国地震台网中心牵头实施"地震前兆台网片区仪器维修保障中心建设"项目（2015—2017年，中国地震局重点专项），构建八个片区维修保障中心实践与培训的基础上，由中国地震台网中心地球物理台网部负责，组织地震系统长期从事地震监测、技术研发、业务管理等各方面专家，充分融合他们在理论、技术与操作方面的丰富经验，共同完成的。

《手册》编写中，参与故障信息收集、整理工作的有东北（辽宁局）、华北（河北局）、华东（江苏局）、华南（湖北局）、西南（四川局）、西南（云南局）、西北（甘肃局）、新疆八个片区中心和中国地震台网中心的相关技术人员：石岩、王莉森、张晓刚、瞿旻、吴艳霞、杨贤和、颜晓晔、杨星、张光顺、牛延平、张文来、马世贵、刘春国、叶青、范晔等。《手册》地下流体分册编写中，地下流体仪器原理图件资料收集工作得到了赵刚、何案华、张平、刘爱春、宁立然等专家的大力支持与帮助。该分册第2章由张光顺、何案华编写，第3章由邓卫平、石岩编写，第4章由牛延平、樊春燕、何案华编写，第5章由樊春燕、梁毅强、何案华编写，第6章由张晓刚、邓卫平编写，第7章、第8章由杨贤和、张光顺编写，第9章由石岩、刘爱春编写，第10章由邓卫平、石岩编写。卢永研究员、张晓刚高级工程师完成了各章电路原理图、仪器功能与参数设置图等的编辑工作。赵家骝、宋彦云、余书明、车时、马宏生、陈华静、滕云田作为技术顾问，指导了《手册》的编写工作。李正媛、熊道慧、刘高川完成了《手册》组织构建，第1章内容的编写和其他相关章节内容的完善，并完成了最后的统稿工作。赵家骝、孔令昌研究员对全书进行了审校。《手册》的编写工作得到了中国地震局监测预报司和中国地震台网中心相关领导的大力支持，并得到了相关单位及学科组的帮助，在此作者一并表示衷心的感谢！

《手册》除了可满足地震台站基层监测工作的需求外，也可作为关心地震事业发展、对地震观测技术感兴趣的人员，特别是大专院校相关专业师生与技术人员的参考材料。

由于《手册》涉及内容广泛，书中内容难免存在缺失、疏漏和不妥之处，恳请读者批评指正。

目　录

前言

1　绪论 ……………………………………………………… 1

    1.1　物理量观测 ………………………………………… 1

    1.2　化学量观测 ………………………………………… 1

    1.3　气象三要素观测 …………………………………… 1

    1.4　地下流体观测台网 ………………………………… 2

2　LN-3A 型水位仪 ………………………………………… 4

    2.1　简介 ………………………………………………… 4

    2.2　主要技术参数 ……………………………………… 4

    2.3　测量原理 …………………………………………… 4

    2.4　仪器构成 …………………………………………… 5

    2.5　电路原理及图件 …………………………………… 7

    2.6　仪器安装与调试 …………………………………… 10

    2.7　仪器功能及参数设置 ……………………………… 13

    2.8　仪器校测及检查 …………………………………… 17

    2.9　常见故障及排除方法 ……………………………… 21

    2.10　故障维修实例 …………………………………… 22

3　SWY-Ⅱ型水位仪 ……………………………………… 34

    3.1　简介 ………………………………………………… 34

    3.2　主要技术参数 ……………………………………… 34

    3.3　测量原理 …………………………………………… 34

    3.4　仪器构成 …………………………………………… 34

3.5　电路原理及图件 ··· 36

3.6　仪器安装与调试 ··· 38

3.7　仪器功能与参数设置 ··· 38

3.8　仪器校测及检查 ··· 52

3.9　常见故障及排除方法 ··· 52

3.10　故障维修实例 ··· 53

4　SZW-1A 型数字式温度计 ··· 58

4.1　简介 ·· 58

4.2　主要技术参数 ·· 58

4.3　测量原理 ·· 58

4.4　仪器构成 ·· 58

4.5　电路原理及其图件 ·· 67

4.6　仪器安装与调试 ·· 69

4.7　仪器功能与参数设置 ·· 72

4.8　常见故障及排除方法 ·· 76

4.9　故障维修实例 ·· 77

5　SZW-Ⅱ型数字式温度计 ·· 87

5.1　简介 ·· 87

5.2　主要技术参数 ·· 87

5.3　测量原理 ·· 87

5.4　仪器构成 ·· 87

5.5　电路原理及图件 ·· 92

5.6　仪器安装与调试 ·· 93

5.7　仪器功能与参数设置 ·· 94

5.8　常见故障及排除方法 ·· 97

5.9　故障维修实例 ·· 98

6　SD-3A 型自动测氡仪 ·· 100

6.1　简介 ··· 100

6.2　主要技术参数 ………………………………………………………… 100

6.3　测量原理 …………………………………………………………… 100

6.4　仪器构成 …………………………………………………………… 101

6.5　电路原理及图件 …………………………………………………… 104

6.6　仪器安装及调试 …………………………………………………… 109

6.7　仪器功能及参数设置 ……………………………………………… 110

6.8　仪器标定及检查 …………………………………………………… 116

6.9　常见故障及排除方法 ……………………………………………… 117

6.10　故障维修实例 ……………………………………………………… 118

7　RG-BS 型测汞仪 …………………………………………………… 125

7.1　简介 ………………………………………………………………… 125

7.2　主要技术参数 ……………………………………………………… 125

7.3　测量原理 …………………………………………………………… 125

7.4　仪器结构 …………………………………………………………… 126

7.5　电路原理及图件 …………………………………………………… 128

7.6　仪器安装 …………………………………………………………… 132

7.7　仪器功能及参数设置 ……………………………………………… 133

7.8　仪器校测标定 ……………………………………………………… 138

7.9　常见故障及排查方法 ……………………………………………… 144

7.10　故障维修实例 ……………………………………………………… 145

8　RG-BQZ 型测汞仪 ………………………………………………… 149

8.1　简介 ………………………………………………………………… 149

8.2　主要技术参数 ……………………………………………………… 149

8.3　测量原理 …………………………………………………………… 149

8.4　仪器构成 …………………………………………………………… 149

8.5　电路原理 …………………………………………………………… 152

8.6　仪器安装 …………………………………………………………… 152

8.7　仪器功能及参数设置 ……………………………………………… 155

8.8　仪器校测标定 ································ 162

8.9　常见故障及排除方法 ···················· 166

8.10　故障维修实例 ·························· 168

9　WYY-1 型气象三要素仪 ···················· 174

9.1　简介 ······································ 174

9.2　主要技术参数 ···························· 174

9.3　测量原理 ································ 174

9.4　仪器构成 ································ 175

9.5　电路原理及图件 ························ 177

9.6　仪器安装 ································ 178

9.7　仪器功能及参数设置 ···················· 185

9.8　仪器校测及检查 ························ 187

9.9　常见故障及排除方法 ···················· 189

9.10　故障维修实例 ·························· 190

10　RTP-Ⅱ型气象三要素仪 ···················· 199

10.1　简介 ······································ 199

10.2　主要技术参数 ···························· 199

10.3　测量原理 ································ 200

10.4　仪器构成 ································ 201

10.5　电路原理及图件 ························ 203

10.6　仪器安装 ································ 204

10.7　仪器功能及参数设置 ···················· 205

10.8　仪器校测及检查 ························ 209

10.9　常见故障及排除方法 ···················· 209

10.10　故障维修实例 ·························· 211

参考文献 ·· 214

1 绪 论

我国地震地下流体观测研究工作始于 1966 年邢台地震后，主要观测方法包括地下流体物理量观测和地下流体化学量观测，观测测项有水位、水温、氡（Rn）、汞（Hg）等。初期使用的仪器主要为从地质、水文、物探等部门引进的成熟装置系统和仪器设备。经过多年的研究探索，现已自主研制出满足地震地下流体观测需要的数字化、网络化仪器设备。

1.1 物理量观测

地下流体物理量观测主要有水位观测和水温观测。水位观测分为静水位观测和动水位观测。静水位指非自流井井口至井水面的垂直距离。动水位指自流井中泄流口中心线至井水面的垂直距离。主要使用的数字化水位仪有 LN-3A 型、SWY-Ⅱ型等。水温观测主要观测深井与温泉的水温动态变化，在我国地震地下流体观测网中，广泛使用的是 SZW-1A 型和 SZW-Ⅱ型水温仪。

1.2 化学量观测

地震地下流体化学量观测内容主要包括地下水溶解气（总量、Rn、Hg、CO_2、H_2、He 等）、断层气（总量、Rn、CO_2、Hg、H_2、He 等）及水质成分的观测。其中，地下水溶解气氡（Rn）和汞（Hg）的观测应用较为广泛。目前，主要使用的测氡仪有 FD-105（K）型、SD-3A 型等数字化测氡仪，主要使用的测汞仪有 RG-BQZ 型数字测汞仪、RG-BS 型智能测汞仪等。

1.3 气象三要素观测

用气象三要素仪观测气温、气压、降雨量三个气象要素。地震台站进行气象三要素测量时，仪器通常安装在台站的观测场地附近，如进行流体观测的井（泉）、进行形变观测的山洞附近。目前台站使用的数字化气象三要素仪器有

WYY-1 型、RTP-Ⅱ型仪器等。

1.4 地下流体观测台网

截至 2018 年，地下流体观测台网中，观测台站 495 个，观测仪器 1204 套，测项分量 1679 个。全国地下流体台网统一按照中国地震局监测预报司的相关规定与要求——《地壳形变、地磁、地下流体台网运行管理办法（修订）》（中震测函〔2015〕148 号）、《区域地震前兆台网运行管理技术要求》（中震测函〔2014〕92 号）、《电磁、地下流体、地壳形变学科观测资料质量评比办法》（中震测函〔2015〕127 号）等开展规范运行工作。地震台站作为台网监测运维工作的基础，主要承担观测环境、观测场地及基础设施维护，观测系统运维与标校，观测数据的预处理和跟踪分析等工作。

地震地下流体观测台网主要服务于地震监测预报工作，仪器设备需长期连续稳定运行，各项运行指标要求不低于 95%，随着台网规模的不断扩大，台站运维工作压力不断增加。尽管如此，近年来通过地震监测工作者的不断努力，全国地下流体观测台网的仪器平均运行率保持在 98% 以上，实属来之不易。在实际工作中，由于全国台网分布广、仪器种类多、仪器要求长期连续运行等特点，台站现场应急维修处置故障仪器的情况成为一种常态，在目前台站技术力量相对单薄，备机备件储备尚不能充分满足需求的情况下，这对台网的维修技术保障能力提出了巨大的考验。为加强相关仪器技能知识的储备，本书在相关章节中编写了经收集、整理的观测仪器电路原理图件和故障处置信息。为便于读者整体了解相关章节的内容，在此给予简要介绍。

1.4.1 梳理观测仪器故障信息

编写人员从两方面入手，系统收集、梳理台网中观测使用的主要（主流）仪器故障信息。首先，依托"地震前兆台网片区仪器维修保障中心建设"项目建成的华北（河北）、东北（辽宁）、东南（江苏）、新疆等八个地震地球物理片区仪器维修保障中心，在全国开展"2012—2014 年全国地震前兆台网观测仪器故障调查"，收集故障信息描述、参数与典型故障实例。这些信息经整理后，确认了1098 套（次）仪器故障有效信息。此外，在仪器研发生产单位、行业内外相关专家的帮助下，扩大收集范围，针对各类型仪器进行收集。在此基础上，进行分类整理，梳理总结出仪器一般故障甄别与常用维修方法、维修典型实例。

综合分析地下流体观测仪器故障情况，得到以下几个方面的认识和信息：一是系统化认识仪器故障。数字化地震地下流体台网中，观测系统包括了仪器、设施、通信网络等，当任意环节出现故障时，都表现出观测系统的故障；除传统意义上的仪器传感器单元故障判定修复外，供电单元、数据采集与控制单元、标定系统及机械系统、软硬件系统、通信链路等设备设施，也不可避免地会发生故障，对遇到的故障现象，需要进行系统化的分析、排查处理，仪器操作维修技能需要不断扩展内容。二是编入了归纳的仪器故障排查方法等，为流程化分析仪器故障提供参考。分析判定仪器故障，应从系统构成的物理链接入手，逐步排查。首先查找观测系统环节的故障出处，对仪器传感器、数据采集器、通信网络等，进行逐一分析排查；再对发生故障的设备或仪器主机的功能模块进行排查，逐步确定发生故障的部位与类型；最后，集中到引起故障的模块上的芯片元件，进行故障甄别确认。故障排查分析过程环环相扣，需要较高的流程化思维和专业技能水平。基于上述思路，书中列出了仪器故障分析方法表，包括故障现象、可能故障原因、排除方法等内容，方便参照进行故障分析及修复操作，为甄别处理提供借鉴。三是整理故障维修实例，示范引导维修操作。编写人员通过筛选整理，选择具有代表性的维修范例，列于各相关章节中。监测技术人员可以方便地查阅范例，当遇到同种类型的仪器故障时，可直接引用于排查处理中；对于相近类型的仪器故障，亦可起到参考作用。

1.4.2 梳理观测仪器电路原理图件

本书另一特色是编入了系统梳理的地下流体观测仪器电路原理图件，目的是更好地指导仪器操作，使观测人员做到判断有据、技术正确、操作可靠。从观测仪器电路板易损性和专业性角度考虑，对编入的仪器电路原理图件进行了筛选，重点介绍传感器部分电路原理；同时，根据仪器情况及厂家建议，对标定、调零、数据采集器等部分，选择性配以相关电路原理图件；对于通用性强、市场化程度较高的电路部分，如开关电源、主控板等，考虑用户可以直接购买或可以方便、直接地获得相关知识，则予以省略。希望通过相关内容的介绍，为用户提供更好的技术指导，方便大家在仪器使用维修中，做到有的放矢，使仪器操作与修复故障的难题迎刃而解，促进我国地震台网监测工作不断创新发展。需特别说明的是，这些仪器电路原理图件是仪器研制者的知识产权成果，本书在征得授权下完成编写工作，仅限用于仪器使用操作与维护维修工作。

2 LN-3A 型水位仪

2.1 简介

LN-3A 型水位仪由中国地震局地震预测研究所研制和生产，具有高分辨力、高稳定性、高精度、数字化自动观测等特点。进行常态化观测时，该仪器每分钟吐出一次水位测量值；当水位变化速率超过所设定的阈值时，仪器自动判别并启动加密采样，吐出率加密到每秒一次，能够记录水震波的原始形态或水位阶跃异常的详细变化过程。

2.2 主要技术参数

LN-3A 型水位仪的主要技术参数如下。

（1）量程：0 ~ 10m；

（2）分辨力：优于 1mm；

（3）最大允许误差：± 0.2% F.S；

（4）动态响应速度：>1m/s。

2.3 测量原理

LN-3A 型水位仪采用压力式传感器，将压力式传感器置入水中一定深度（H）时，传感器所受到的压强（P）与其深度（H）的函数关系为：

$$H = \frac{P}{\rho g}$$

式中，H 为井中水柱高度；ρ 为水体密度；g 为重力加速度；P 为压强。

在同一口井中，假设水体密度（ρ）和重力加速度（g）为常数，井水柱高度（H）与压强（P）成正比关系，由此，可采用压力传感器测量水柱压强。当把压力传感器固定在井水面以下某一深度后，井水位发生变化时压力传感器检测出的电信号同步变化，由此实现水位变化的动态监测。

2.4 仪器构成

LN-3A 型水位仪包括水位传感器和主机两部分。水位传感器由专用导气电缆、液位变送器、换能模块及配重体构成。主机部分由开关电源、电压调节模块、主板、显示板、键盘、PC104 工控机及各种接插器件构成。

（1）前面板（图 2.4.1）

①8 位 LED 数字显示器，显示日期、时间、测量数据等；

②16 位操作键盘（数字键 0 ~ 9、设置键 F1 ~ F6），用于设置日期、时间、机号，操作显示日期、时间、测量数据等。

图 2.4.1   LN-3A 型水位仪前面板

（2）后面板

主机后面板见图 2.4.2。其上有外接显示器接口；外接键盘接口；外接鼠标接口；RJ-45 接口；RS-232 接口；USB 接口；水位传感器插座；外接 12V 蓄电池输入接线座；直流保险丝座（配 3A 保险丝）；交流 220V 电源插座，接交流 220V 市电，1A 交流保险丝在交流 220V 电源插座内；电源开关；显示开关，用来接通或关闭前面板上的 8 位 LED 数字显示器电源。

图 2.4.2   LN-3A 型水位仪后面板

（3）主机内部结构

主机内部结构见图 2.4.3，220V 交流电经开关电源转换为 12V 直流电，电压调节板对 12V 电压进行稳压输出，12V 给传感器供电，转换 ±5V 给主板供电、+5V 给 PC104 工控机供电。传感器输出信号接入主板，实现数据的采集，主板外接显示器、键盘，用于显示日期、时间、入水深度，以及设置参数。RS-232 接口与 PC104 工控机相连接，通过 PC104 工控机数据采集软件实现数据的采集、存储、

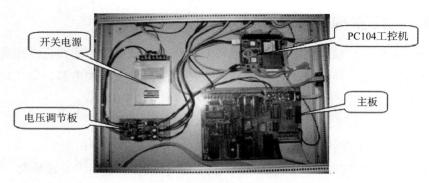

图 2.4.3　LN-3A 型水位仪主机内部结构

格式转换及传输。

（4）网络接口板结构

LN-3A 型水位仪采用 PC104 工控机实现数据的存储及与以太网的连接，使用 Windows 98 系统，系统内安装有数据处理、Web 服务、FTP 等应用软件。PC104 工控机的具体型号为 PCM-3587，PCM-3587 是一款低能耗的 X86 嵌入式工业主板，专门为 PC104 应用领域设计。接口定义图见图 2.4.4。

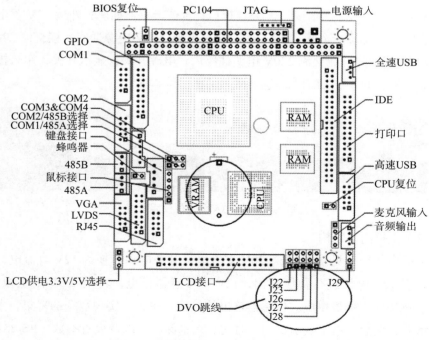

图 2.4.4　LN-3A 型水位仪 PC104 工控机接口定义图

2.5　电路原理及图件

2.5.1　原理框图

LN-3A 型水位仪的电路模块主要包括四个部分，分别为交、直流电源电路，水位传感器电路，数据采集及控制电路，网络接口及数据存储电路。网络接口模块可以外接显示器、键盘和鼠标，通过 RJ45 网络接口与外接设备进行数据交换。电路原理框图见图 2.5.1。

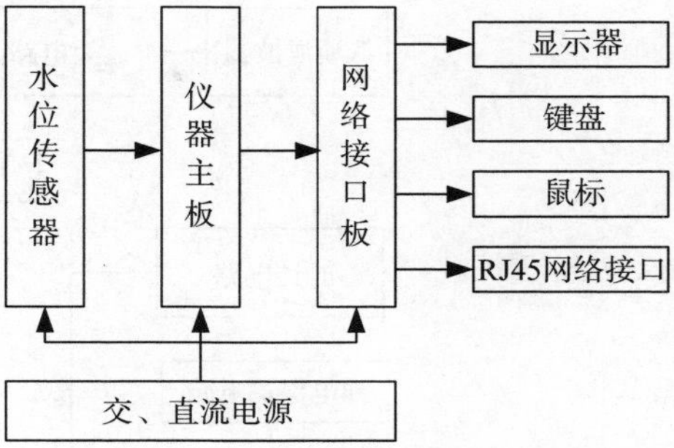

图 2.5.1　LN-3A 型水位仪电路原理框图

（1）水位传感器原理框图

压力式水位传感器内部电路由压力敏感元件、测量放大电路、模拟信号输出及精密恒流源四部分组成。水位传感器的压力敏感元件采用美国的 FOXBORO 公司生产的扩散硅半导体压力器件，测量放大电路采用差动归一化放大器，为了减少温度及测量电缆直流电阻的影响，采用恒流电源供电。图 2.5.2 所示为压力式水位传感器电路原理框图。

图 2.5.2　压力式水位传感器电路原理框图

（2）主板原理框图

LN-3A 型水位仪的主板是以 80C31 单片机为控制系统的电压测量系统。它是一款 8 位高性能单片机，属于标准的 MCS-51 的 HCMOS 产品。它结合了 HMOS 的高速和高密度技术及 CHMOS 的低功耗特征，基于标准 MCS-51 单片机的体系结构和指令系统。80C31 内置中央处理单元 CPU、128 字节内部数据存储器 RAM、32 个双向输入 / 输出 (I/O) 口、2 个 16 位定时 / 计数器和 5 个两级中断结构、一个全双工串行通信口、片内时钟振荡电路。80C31 单片机的外围电路包括时钟电路、数据存储器 RAM（同时设置了掉电保护电路，保证在仪器掉电之后数据不会丢失）、EPROM、可编程 I/O 接口电路、串口通信电路、指示灯显示电路等。测量信号通过低通滤波器之后被送入放大电路，经过 A/D 转换电路之后送入 80C31 进行计算和存储。80C31 单片机与网络接口之间的通信主要依靠串口通信电路来实现。主板原理框图见图 2.5.3。

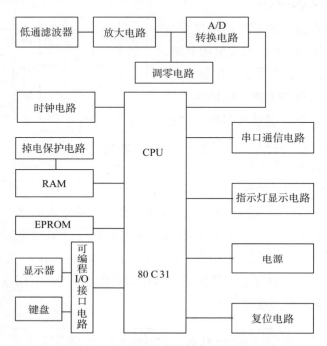

图 2.5.3　LN-3A 型水位仪主板原理框图

2.5.2　电路原理图介绍

（1）传感器原理图介绍

传感器的压力敏感元件采用扩散硅半导体压力器件，这种器件是利用硅的压阻效应和集成电路技术制成的。单晶硅材料受到力的作用后，其电阻率就要发生变化，这种现象称为压阻效应。在弹性变形限度内，硅的压阻效应是可逆的，就是说，在应力作用下硅的电阻发生变化，而当应力去除后，硅的电阻又回到原来的数值。这种压力敏感元件的工作原理是在周边固定的单晶硅芯片上用扩散工艺制成四个阻值相同的电阻，并连接成惠斯顿电桥（图 2.5.4），随着外力的作用，其中一对对臂电阻的阻值不断增加（或减少），而另一对对臂电阻的阻值变化刚好相反，因而在电桥的输出端就

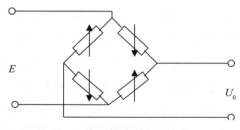

图 2.5.4　压阻式传感器件工作原理

得到与所施外力呈线性关系变化的电信号，从而实现把压力转换成电量的功能。这种敏感元件又称为扩散硅半导体压力传感器。

压力式水位传感器需要进行气压补偿，因为水位传感器在水下工作时，作用在传感器上的压力，除其所在位置水柱高度的压力外，还有作用在水面上并通过水传递给传感器的大气压力。当气压变化时，此压力也随之变化，造成对水位测量的干扰，因此必须排除气压因素对水位测量的影响。解决的办法是将大气压力同时引入传感器的内部，这样气压在压力传感器的正、反两个方向形成大小相等、方向相反的作用力，使其相互抵消，即可理想地解决气压补偿问题。因此从水位传感器的内部要引出一个导气管与大气相通，使大气压力通过导气管传递到传感器的内部，进行气压补偿。但是，这种导气管的孔径很小，只有 1 ~ 2mm，它具有毛细效应，毛细效应将会引起气压补偿滞后，影响水位的真实性，因此，使用这类导气管水位仪时静水位值宜在 40m 以内，这时滞后效应相对比较小。当然，这种器件本身还不能直接用于水位观测，还需要通过相应测量电路才能构成一套完善的水位测量换能系统。

（2）主板电路原理图介绍

LN-3A 型水位仪的主板包括中央处理器及外围电路、存储器电路、输入/输出接口、A/D 转换器、时钟电路、电源管理电路等，如图 2.5.5 所示。

①中央处理器及外围电路。

U24（8031）为单片微处理器，它是整台仪器的控制核心；U23（74LS373）是低 8 位地址锁存器；U8（74LS138）是地址译码器。

②存储器电路。

存储器用来存放工作程序、工作参数及各种数据。存储器可分为 RAM（可读写存储器）和 ROM（只读存储器），ROM 又可分为 PROM（可编程存储器）、EPROM（可擦写编程存储器）、E2PROM（电擦写编程存储器）。

U21（2764）为 EPROM（8K*8），用于存放工作程序；U22（628128）为 RAM（128K*8），用于存放测量数据。

③输入/输出接口。

输入/输出接口是微处理器和外界联系的桥梁。U9（8251）串行接口芯片、U27（ICL232）及 U28（ICL232）串行接口的电平转换器，可完成主板与 PC 机之间的串口通信。

④A/D 转换器。

U5（AD7135）是美国 Intersil 公司生产的双积分型、4 位半 BCD 码输出的 A/D 转换器，价格便宜，使用广泛，通过 U4（74LS245）缓冲器与单片机 U24（8031）相连接。

⑤时钟电路。

U3（DS12887）是 Dallas 半导体公司推出的实时时钟芯片，在芯片内部集成了石英晶体、锂电池和其他支持电路。

⑥电源管理电路。

U2（MAX691）是美国 MAXIM 公司生产的微处理器监控电路，对主板电源进行监控及切换。

2.6 仪器安装与调试

在仪器安装前，应进行以下工作：测量观测井深、水位埋深；检查交流供电稳定情况；仪器开箱检查，连接传感器接头，接地线、电源线及网线等，检测传感器的线性，确保传感器及主机在仪器量程范围内工作；根据观测井年变化幅度确定传感器下放深度，确定固定电缆位置等。

（1）现场安装

①水位仪主机安装。

水位仪主机应安装在台站的标准机柜内，机柜应与台站地网等电位连接，仪器在机柜内的走线应遵循强弱电分离的原则。

②传感器放置水下深度的确定。

当水位下降时，应保证传感器不露出水面；当水位上升时，应保证传感器上部水柱高度不超过仪器最大量程。准确量取传感器电缆线投放深度，误差不大于 5mm，使用电缆专用固定夹固定线缆位置，根据动、静水位观测方式的规范要求及传感器下放深度计算确定投放深度，在网页上进行修改。

③传感器的安装及固定。

水位传感器的安装深度确定后，应通过地面的井口固定装置进行固定（通常为"滑轮＋防静电胶带"的方式），绝对不能将传感器电缆折成直角，以免挤压传感器电缆内的导气管，传感器连接器经机柜引入与主机相连接，如图 2.6.1 所示。

④检查仪器工作状态。

检查及修改 IP 地址、台站代码、时钟、经纬度及高程等基本参数，通过"中国地震前兆台网数据管理系统"添加配置该仪器，确保网络连通及数据入库。

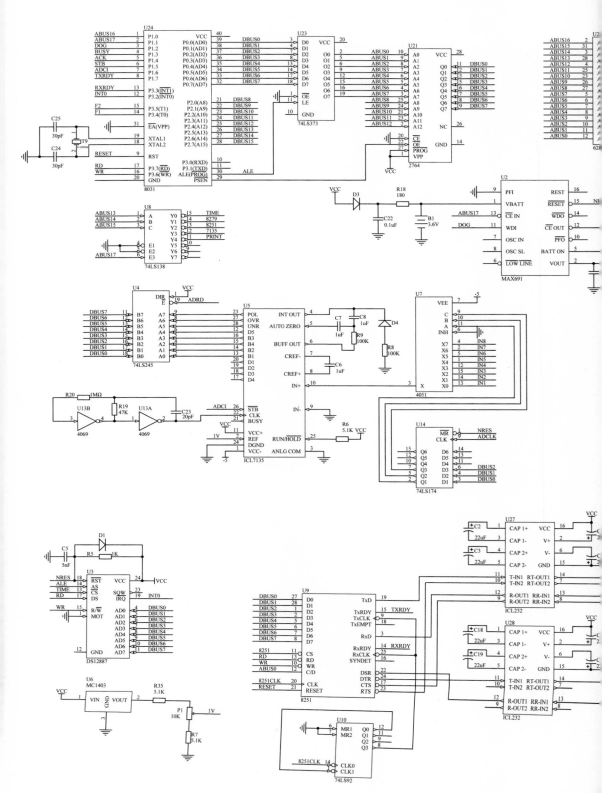

图 2.5.5 主

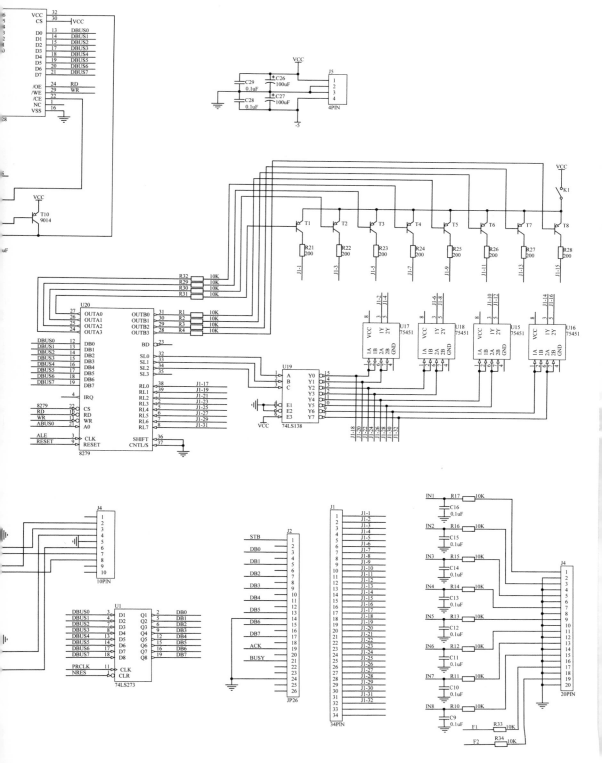

电路原理图

（2）调试及检测

仪器安装后，在正式接入系统前应对仪器进行调试与检测，以确保仪器记录数据能真实地反映观测物理量的变化。

①传感器线性检测。

在井口基准面上固定传感器电缆，传感器从水面开始向下放置 10 次，每次下降幅度为 1m，静置 2min 后读取仪器的显示值，填入表格。再从水面以下 10m 处开始向上提升 10 次，每次上升幅度为 1m，静置 2min 后读取仪器的显示值，填入表格。

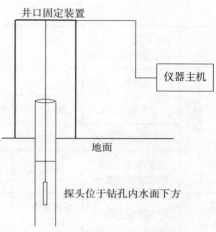

图 2.6.1　LN-3A 型水位仪安装示意图

计算升降幅度与仪器相应读数之间的差值，填入表格。每次的显示值与测量值之间的差值应不大于 10mm。

②校测。

仪器安装后进行 3 次校测，每小时一次，具体方法见 2.8 节。

当仪器安装完成之后，按照规范要求编写安装报告并填写仪器安装记录表（表 2.6.1），进行现场初步验收。

表 2.6.1　LN-3A 型水位仪安装记录表

台站名称	局（所）　　　　台　　站（井）		安装日期	年　　月　　日　　时					
仪器型号		水位类型	动水位/静水位	安装人员					
	检　查　内　容								
安装前检查	仪器开箱检查								
	井水位测量值 /m								
	观测井深度测量值 /m								
	井口检查								
	电源检查								
	下降序次	1	2	3	4	5	6	7	8	9	10
	下降幅度 /m	1.00	2.00	3.00	4.00	5.00	6.00	7.00	8.00	9.00	10.00
	仪器显示差值 /m									

续表

安装前检查	下降深度与仪器显示差值的差值 /m										
	上升序次	1	2	3	4	5	6	7	8	9	10
	上升幅度 /m	1.00	2.00	3.00	4.00	5.00	6.00	7.00	8.00	9.00	10.00
	仪器显示差值 /m										
	上升深度与仪器显示差值的差值 /m										

安装结果检查	传感器固定时间	传感器固定深度 /m		仪器显示值 /m		水位校测值 /m		差值 /m	
	日 时 分								
	水位检查（每 1h 记录 1 次）	时 间		时 分		时 分		时 分	
		仪器显示值 /m							
		水位校测值 /m							
		差值 /m							
	工作参数显示功能								
	工作参数修改功能								
	通信功能								

安装效果评价	仪器工作状态	
	问题与处理意见	

注：1. 仪器开箱检查：对比装箱单，实物与装箱单一致填写"主机与附件齐全"，缺少项目填写缺项名称；

2. 井水位校测值：基准面（点）到水面的垂直距离；

3. 差值：井水位校测值减去仪器显示值；

4. 观测井深度测量值：基准面（点）到井底的垂直距离；

5. 井口检查：井口装置（不）符合要求，有（无）井内卡物，有（无）漂浮物等；

6. 电源检查：交流供电电压（不）符合要求，有（无）直流供电；

7. 工作参数显示功能：正常（不正常）；

8. 工作参数修改功能：有（无）；

9. 通信功能：正常（不正常）；

10. 仪器工作状态：正常（不正常）；

11. 问题与处理意见：填写具体处理意见。

2.7　仪器功能及参数设置

2.7.1　仪器面板参数设置

①"F1"键为设置键，用以设置时间、参数，操作方法如下。

a.按"F1"，显示"SE."，接着按以下各键。

b.按"0"键，显示机号（No.），再用数字键输入要设置的机号，设置完成后按"F1"键确认并退出设置方式。

c.按"1"键，显示日期（年、月、日），用数字键设置新的日期，设置完成后按"F1"键确认并退出设置方式。

d.按"2"键，显示时间（时、分、秒），用数字键设置新的时间，设置完成后按"F1"键确认并退出设置方式。

e.按"3"键，显示水位事件判别阈值（L1.），用数字键设置新的阈值，设置完成后按"F1"键确认并退出设置方式。

以上参数设置，除最后一个功能以外，在按"F1"键以前，若有 10s 没有按键，则自动退出设置方式，参数不变。另外，每个设置都有容错功能，即输入错误数据后能够自动修正。

②按"F2"键显示日期，再按一下"F2"键或 10s 后退出日期显示状态。

③按"F3"键显示时间，再按一下"F3"键退出时间显示状态，不按"F3"键则一直保持该状态。

④按"F4"键显示机号，再按一下"F4"键或 10s 后退出机号显示状态。

2.7.2　WEB 网页参数设置

（1）主页面

主页面包括"首页""技术指标""仪器参数""仪器状态""数据下载""当天数据""账户管理""十五规程"。

（2）仪器参数（以图 2.7.1 为例）

网络参数：IP 地址为"192.168.001.002"，子网掩码为"255.255.255.000"，网关为"192.168.001.001"，端口数为"3"，端口号为"80"。

表述参数：台站代码为"14014"，设备 ID 为"X411IOES4001"，经度为"123.40"，纬度为"40.01"，高度为"1090"。

测量参数：阈值为"100（毫米）"，传感器投放深度为"50（米）"。

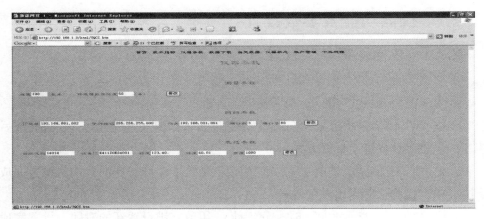

图 2.7.1 "仪器参数"页面

这些参数都可以在网页上修改，但需要管理员级权限。

（3）仪器状态（图 2.7.2）

单击相应的按钮，可以对系统的时间进行人工或自动校准。此项操作需要管理员级权限。

图 2.7.2 "仪器状态"页面

（4）数据下载（图 2.7.3）

提供 5 天的观测数据下载，单击对应的文件名即可下载。文件名的后 8 位数字是日期，如"1401400X00120060703.epd"为 2006 年 7 月 3 日的文件。文件后缀为"epd"的是正常观测数据文件，后缀为"evt"的是事件数据文件。

图 2.7.3　"数据下载"页面

（5）当前数据

"当前数据"页面显示当天观测数据。

（6）账户管理

账户分为普通用户、管理员、超级用户。出厂设置为默认用户信息。在账户管理界面输入用户名和密码，并单击"提交"按钮，可以进行用户名和密码修改。此项操作需要超级用户权限确认。

2.7.3　FTP 文件传输

使用 LeapFTP.exe 登录，输入 IP 地址、用户名和密码，端口为"22"，可实现数据下载、软件更新及文件上传等操作，如图 2.7.4 所示。

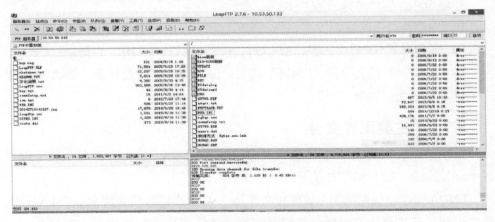

图 2.7.4　LN-3A 型水位仪 FTP 登录界面

2.7.4　数据存储

LN-3A 型水位仪（PC104）中存放有许多数据文件可供检查或调用，这些数据文件在 LN3 子目录下。

（1）每小时从下位机收集的数据（二进制）

位置和文件名的表示方法为"ORG\ 台号 + YYYYMMDD.ORG"，例如"9999220060207.ORG"。

数据格式：F9 08 07(数据头) 小时（二进制数据）。

（2）23h 测量后从下位机收集的一天完整的二进制数据

位置和文件名的表示方法为"ORG\ 台号 + 08X001+ YYYYMMDD.ORG"，例如"9999208X00120060207.ORG"。其中，"99992"为台站代码，"08X001"为水位仪。

数据格式：与"九五"数据格式一致。

（3）一天完整的数据 [网络格式，内容与（2）一致]

位置和文件名的表示方法为"DEC\ 台号 + 00X001+ YYYYMMDD.EPD"。

数据格式：9 列。

（4）仪器运行日志

位置和文件名的表示方法为"LOG\YYYYMMDDLOG.INI"。

数据格式：对 ERROR 的解释。

（5）网络运行日志

位置和文件名的表示方法为"LOG\YYYYMMDD.LOG"。

数据格式：按网络规程的要求。

注意：

①一般情况下不要修改、删除这些文件，特别不能删除子目录，否则会丢失数据；

②"YYYY"代表年份，"MM"代表月份，"DD"代表日期，例如 2006 年 3 月 11 日表示为"20060311"。

2.7.5　主要配置文件

精简 Windows 98 操作系统配置在 PC104 工控机 CF 卡上，所有系统文件保存于安装路径"C:\LN3"目录下。

LN-3A 型水位仪系统的主要配置文件是"WEB.INI"。该文件在"C:\LN3"文件夹里面。其主要内容包括仪器网页的登录密码信息、仪器 ID、台站信息、网络 IP、仪器实时的测量参数、仪器的默认（缺省）测量参数等信息，如图 2.7.5 所示。

图 2.7.5　"WEB.INI"配置文件

仪器每 10min 对配置文件"WEB.INI"中实时的测量参数自动更新一次。

"commSetup.txt"文件为串口通信参数配置文件，包括波特率、数据位、停止位和奇偶校验位等参数。

2.8　仪器校测及检查

依据《地震地下流体观测方法　井水位观测》(DB/T 48—2012)，在《地下流体数字化观测规范的仪器检查与标定若干补充规定》（2007 年）中的"水位现场校测要求"的基础上编写了观测井水位校测要求。

2.8.1　水位现场校测要求

采用气路补偿气压的水位仪器（如 LN-3 型、SWY 型）的校测方法、校测过程、校测误差计算及结果处理依据以下内容进行。

采用气压传感器补偿气压的水位仪器（如 ZKGD 型）除了以上校测内容外，还需要检查气压传感器，具体方法如下：将标准气压计（精度 0.1hPa，每年需年检）与仪器的气压传感器置于同一观测环境中，正常工作后稳定 5min，开始读取数据，误差超过 1hPa 与厂家联系解决。

1. 校测时间

有人值守台站在每月 15 日前后 3 日内进行校测，无人值守台站在每季度末月月底 3 日内进行校测。每个台站的校测时间应相对固定；如发现水位观测数据变化较大，应及时校测。

2. 校测方法

校测方法有测钟法、电极法、测压管法、高精度压力表法。其中，静水位观测仪器一般采用测钟法、电极法校测，动水位观测仪器一般采用测压管法进行校测。水压太高，无法采用以上方法进行校测时可采用高精度压力表法。具体方法如下。

（1）测钟法

测钟法装置由测量尺与测钟构成，测量尺刻度精度应不低于 1mm，建议选用钢卷尺。

校测水位时缓慢下放测钟，当测钟接触水面时即发出声音，上下移动，使测钟恰好处于接触水面的位置，确定测量尺与井口基准面的相交点位置，该位置的读数加上测钟高度即水位校测值。

（2）电极法

电极法装置由测量尺与测量器构成，测量器由水面接触开关、工作电路、电池和轰鸣器组成。测量尺刻度精度应不低于 1mm，建议选用钢卷尺。

校测时缓慢下放测量器，当测量器接触水面时，水面接触开关即刻导通，轰鸣器发声；测量器离开水面时，水面接触开关断开，轰鸣器停止发声。确定测量尺与井口基准面的相交点位置，该位置的读数加上测量器高度即水位校测值。

（3）测压管法

直接读取测压管中的水柱高度，所读取的数据即井水位校测值。

（4）高精度压力表法

直接读取高精度压力表的读数，所读取的数据即井水位校测值。

3. 校测过程

校测时，需连续重复测量 5 次，同时读取校测值 h_{1i}（i=1，2，3，4，5）和仪器显示水位值 h_{2i}（i=1，2，3，4，5）。计算出 5 次校测值的平均值 $\overline{h_1}$ 和平均

误差 σ_1。若平均误差满足表 2.8.1 的要求，即校测结束，计算仪器显示水位值的平均值 $\overline{H}$ 和平均误差 σ_2；若不满足要求，则应重新测量 5 次，直到满足要求为止。

表 2.8.1　井水位校测值平均误差表　　　　　　　　单位：m

水位埋深	静水位				动水位
	0 ~ 10	10 ~ 30	30 ~ 60	>60	/
误差阈值	0.005	0.010	0.015	0.02	0.005

$$\sigma_1 = \frac{\sum\limits_{i=1}^{5} \left| \overline{H}_1 - h_{1i} \right|}{5}$$

$$\sigma_2 = \frac{\sum\limits_{i=1}^{5} \left| \overline{H}_2 - h_{2i} \right|}{5}$$

4. 校测误差计算及结果处理

（1）校测误差计算

校测值符合要求后，计算 5 组水位校测值的平均值 $\overline{H}_1$ 和对应 5 组观测仪器值的平均值 $\overline{H}_2$ 的差值 $\Delta H'$：

$$\Delta H' = \overline{H}_1 - \overline{H}_2$$

当 $|\Delta H'| > \Delta H$ 时，认为仪器不合格，否则认为仪器合格。

ΔH 的计算方法如下：

$$\Delta H = \Delta h + |\sigma_1| + |\sigma_2|$$

其中：

$$\Delta h = 0.2\% \text{ 水柱高度} + 0.02$$

水柱高度即传感器至水面的距离，取 5 次的平均值。水柱高度 h 与水位值 H 的转换方法如下。

①静水位：$h = H_0 - H$。

②动水位：$h = H - H_0$ 或 $h = H + H_0$。

③井压：$h = H$。

H_0 为传感器到基准面的距离。

校测误差计算的几种情况见图 2.8.1。

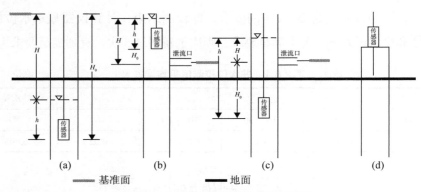

图 2.8.1 校测误差计算的几种情况

（2）校测结果处理

校测合格的仪器可以继续使用，否则需要送厂家重新标定。

考虑原有校测要求的允许误差较大，刚开始采用这一标准时可能会出现一些台站误差超标的现象，需要对这种现象进行分析后再做处理。

①是不是校测方法及校测设备有问题？

②查看以前的校测记录，若长期存在一个比较稳定的误差，应考虑是否是基准面位置不一致（就是校测采用的基准面与仪器实际采用的基准面不一致）导致的。对于这种情况，应以仪器实际采用的基准面（仪器参数值）为校测的基准面改正校测值，采用改正校测值和仪器测值来计算校测误差。

2.8.2 水位观测仪器现场检查与校测记录格式

水位观测仪器现场检查与校测记录格式，即水位校测表样式见表 2.8.2。

表 2.8.2 水位校测表样式

校测日期	年	月	日	传感器导压孔至基准面（点）的垂直距离 /m			
井水位测量次数	1	2	3	4	5	平均值 $\overline{H}$	误差 σ
水位校测值 h_1/m							
观测仪器　水柱高度 /m							
观测仪器　水位值 h_2/m							

1. 是否满足条件：$|\sigma_1|<$ 给定阈值

2. 计算误差值：$\Delta H' = \overline{H_1} - \overline{H_2}$

3. 计算下列判定值：

$\Delta h = 0.2\%$ 水柱高度 $+ 0.02 =$

$\Delta H = \Delta h + |\sigma_1| + |\sigma_2| =$

4. 是否满足条件：$|\Delta H'| \leq \Delta H$

* 气压传感器
5.校测结论

说明：$\overline{H_1}$——校测值平均值；$\overline{H_2}$——仪器测值平均值；σ_1——校测值平均误差；σ_2——观测仪器测值平均误差；Δh——仪器最大允许误差

校测人：	校核人：	台站技术负责人：

2.9　常见故障及排除方法

对全国水位台网中 LN-3A 型水位仪的故障信息进行汇集，结合研制专家提供的相关资料，在分类梳理的基础上，形成该水位仪常见故障及排查一览表（表2.9.1），表中列出了故障单元、故障现象、可能的故障原因及排除方法。

表 2.9.1　LN-3A 型水位仪常见故障及排查一览表

序号	故障单元	故障现象	故障可能原因	排除方法
1	供电	仪器面板数码管不亮	电源故障或未打开	检查仪器电源
2		PC104 工控机无法启动	工控机供电电源故障或电源插头接触不良	检修电源板或处理电源插头
3		水位数据乱跳、曲线毛刺	供电不稳	检查供电电源
4		测值为空值或缺数	供电电源故障	检修供电电源
5	主机	仪器面板数码管不亮	仪器主板故障	检修或更换主板
6		水位数据乱跳、曲线毛刺	主机内主板晶振块故障	检修或更换主板晶振块
7		测值为空值或缺数	主板故障	更换主板 27C64 程序芯片
8	通信单元	PC104 工控机无法启动	工控机损坏	更换工控机
9			工控机内存条损坏或接触不良	更换内存条或检修接触点
10		管理系统不能正常收取数据	仪器或网络故障	检查仪器与网络连接
11			仪器程序盘配置文件损坏	FTP 登录仪器，检查 WEB. INI 文件内容，发现错误后修改上传并重启仪器
12			数据文件没有生成	检查仪器软硬件故障
13			仪器时钟与管理系统不同步	检查时钟并修改
14		测值为空值或缺数	PC104 工控机数据采集软件运行出错	重启仪器

续表

序号	故障单元	故障现象	故障可能原因	排除方法
15	通信单元	测值为空值或缺数	工控机故障	重启仪器
16		现场不能登录仪器页面，网络不通	PC104 工控机软件或硬件故障	检修或更换工控机软硬件
17			CF 卡故障	更换 CF 卡
18			网线及网线接口接触不良	检查网线及网线接口
19		FTP 登录正常，网页无法打开	仪器内部软件运行故障	重启仪器
20		仪器面板显示工作状态正常，可登录连接，但管理系统收取数据为错误数据	PC104 工控机数据采集软件运行出错	重启仪器或更新数据采集软件
21		仪器面板显示工作状态正常，可登录连接，但管理系统收取数据为错误数据	CF 卡存储空间不足或故障	删除 CF 卡内分钟值历史数据文件（*.epd）及秒钟值数据文件（*.evt）
22		数据文件第 × 天零点出现缺数现象	PC104 时钟与仪器主板时钟不一致	在仪器网页上执行时钟校对，使两个时钟保持一致
23	传感器	水位数据乱跳、曲线毛刺故障	传感器故障	检修或更换探头，按"规范"要求测试探头 0～10m 线性，探头下放深度与原探头保持一致，产出数据相对稳定
24		测值为空值或缺数		
25		仪器面板显示"OU"		
26		水位校测时相对误差超差较大		
27		测值为负值		
28	其他	仪器面板数码管不亮	显示开关未打开	打开显示开关
29		水位数据乱跳	接触不良	检查仪器连接线
30		仪器面板显示"OU"	传感器超量程	传感器以上水柱高度超过 10m，调整传感器投放深度

2.10 故障维修实例

2.10.1 电网干扰导致数据突跳

（1）故障现象

锦州沈家台 LN-3A 型水位仪数据曲线在每天早晨 5 点 30 分到 7 点存在明显的突跳。

（2）故障分析

突跳时间段固定，基本可以排除仪器问题。经查，造成数据突跳的原因为供电干扰，附近变频给水设备起动干扰交流电网。

（3）维修方法及过程

在市电线路与仪器之间安装交流电源滤波器及交流净化稳压电源，处理后干扰消除。

2.10.2　开关电源故障导致缺数

（1）故障现象

泸西水位仪网络连接失败，管理系统不能正常收取数据，该台其他仪器数据收取正常，现场检查仪器面板无显示。

（2）故障分析

造成此类故障现象的原因一般为电源部分故障或主板故障。电源部分故障的主要表现形式为：电源线接头松动、开关电源故障、稳压电源故障等。

（3）维修方法及过程

检查电源线接头未松动，电源插孔保险管完好；通电，用万用表量取开关电源交流输入 220V 正常，输出指示灯不亮，无 12V 直流输出。更换开关电源后正常。

2.10.3　开关电源故障导致仪器死机

（1）故障现象

无法通过网络连接水位仪，使用"ping"命令可以连通台站路由器地址，但不能连通水位仪 IP 地址。

（2）故障分析

与台站值班员联系，水位仪前面板无显示，初步确定水位仪电源部分故障。

（3）维修方法及过程

台站值班人员重启水位仪，仍无法恢复工作。随后运维人员携带新仪器赶赴台站，经过检查，确认仪器开关电源损坏。更换开关电源后，仪器恢复正常。

2.10.4　连接线接触不良导致死机、突跳

（1）故障现象

楚雄水位仪主机经常死机，导致观测数据缺失严重，且观测数据有台阶性

突跳。

（2）故障分析

可能原因为供电电源不稳、主板故障及探头故障等。

（3）维修方法及过程

检查交流、蓄电池供电正常；打开上盖板，发现触动板件间连接线时出现数据突跳或 PC104 重启，测量 PC104 工控机输入电压及主板输入电压时触动连接线，发现电压值有波动，可判定为连接线接触不良所致。将各连接线从插线排内取出，发现连接方式为压接，进行焊接后恢复正常。

2.10.5　调零电路故障导致数据异常

（1）故障现象

吉林龙岗火山监测站 LN-3A 型水位仪的观测数据曲线出现高频扰动，伴有零点突跳，且扰动出现的频率和幅度越来越大。

（2）故障分析

查看其他时间段的曲线，发现曲线固体潮清晰，无高频干扰和突跳，判断故障与电源、数采等公共设备有关。

（3）维修方法及过程

维修人员到达井房后检查信号线缆，线缆完好，没有接头和破损；更换滤波芯片，扰动依然存在；通过端口进入机器调整系统，修改零点计数，仪器零点突跳消失，恢复正常。

2.10.6　CF 卡故障导致网络不正常

（1）故障现象

昆明台水位仪面板显示正常，现场不能登录仪器页面，ping 不通。

（2）故障分析

面板有显示，说明供电基本正常，可能存在交换机、PC104 工控机故障，或网线及网线接口接触不良。

（3）维修方法及过程

经查，连接至交换机的网线接口所对应的指示灯不亮，说明故障出现在网络通信部分。经查，PC104 供电正常；网口跳针在网线拔出后已弹起，连接正常，网线测试连通，在后面板接入显示器查看 PC104 工作情况，出现黑屏现象，几分钟后不断重启，仍是黑屏，更换 CF 卡，重新设置参数后正常。

PC104 工控机使用的内存条及 CF 卡时有故障发生，需更换同样容量大小的内存条及 CF 卡。更换已写好水位仪程序的 CF 卡后重新配置参数可恢复正常，无配件时将 CF 卡取出，用读卡器检查 CF 卡是否完好。若正常，可用"usboot170.exe"软件，将之前用正常 CF 卡制作的镜像文件恢复至 CF 卡中，重新设置参数后可恢复正常。内存条故障也可导致 Win98 系统不能正常启动。

2.10.7　程序芯片损坏使测试数据缺失

（1）故障现象

网络连接正常，面板显示正常，测值为空值。

（2）故障分析

一般为 PC104 工控机数据采集软件运行出错、主板故障等原因。

（3）维修方法及过程

现场检查交流供电正常，检查主机内开关电源输出电压 12V，电源板输出电压 12V、5V，PC104 工控板供电电压 5V，均正常，排除供电不稳定因素；检查仪器时各参数正常，更换主板（需与电路原理中名称一致）上的 27C64 程序芯片后恢复正常。

2.10.8　配置文件错误导致无法收数

（1）故障现象

建水台水位仪出现管理系统不能正常收取数据的现象，见图 2.10.1，可 ping

图 2.10.1　数据管理系统手动采集数据界面

25

通，网页可登录。

（2）故障分析

远程可以正常访问仪器网页，说明仪器网络通信正常。服务器无法对仪器进行数据收取，说明两者之间的对接程序可能出现问题。出现此类情况，应该首先进入仪器程序盘检查各文件是否损坏或丢失。

（3）维修方法及过程

用 FTP 登录仪器，连接成功后进入如图 2.10.2 所示界面。

图 2.10.2　FTP 进入仪器 CF 卡各目录

在列表中选中文件名为"WEB.INI"的文件，右键单击，选择"查看"，文件打开后的文本内容见图 2.10.3。

图 2.10.3　"WEB.INI"文本内容

文本内容为"NULL"，意为空值。WEB 文件是控制仪器网络端口与远程服务器建立连接的程序文件，该文件内参数为空值，故不能运行。此时需要将以前备份过的，或者是其他正常仪器上的"WEB.INI"文件通过 FTP 上传到该故障仪器的根目录下，然后进入仪器网页，修改参数，重新启动仪器后可恢复正常。正常的"WEB.INI"文件的文本内容见图 2.10.4。

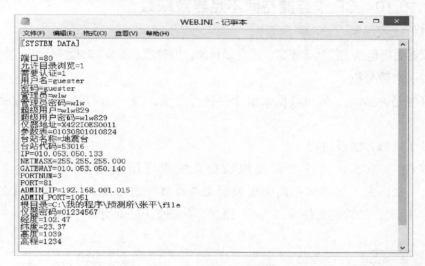

图 2.10.4　正常的"WEB.INI"文件的文本内容

通过重新上传"WEB.INI"文件可使仪器恢复正常工作。部分故障现象为"WEB.INI"文件中"仪器密码 =NULL"，此时需将该文件下载下来，将"NULL"改为"01234567"，保存后上传覆盖，重启仪器。

2.10.9　工控机数据采集软件死机导致缺数

（1）故障现象

可 ping 通，FTP 可登录，面板显示正常，但网页不能登录，缺数。

（2）故障分析

PC104 工控机系统死机，数据采集软件死机或故障。

（3）维修方法及过程

重新启动仪器后还不能恢复正常，根据本孔井观测种类（静水位或动水位）选择更新文件，静水位井选"ln3(静水位).exe"，动水位井选"ln3(动水位).exe"。

用 FTP 将"ln3（静水位）.exe"文件或者"ln3（动水位）.exe"文件上传到水位仪器的 update（或者 ln3\update）目录下（FTP 用户名：wlw；口令：wlwln3；

端口：22），待上传成功以后，再将上传后的"ln3（静水位）.exe"或者"ln3（动水位）.exe"更名为"ln3.exe"，即删除文件名"ln3"后面的括号和括号内的"静水位"或"动水位"字样。将"Stime.htm"传送到"ln3\file\html（或者file\html）"目录下，覆盖原来的文件。重新启动，检查各参数配置后工作正常。

2.10.10　CF 卡存储空间不足导致缺数

（1）故障现象

仪器面板显示工作状态正常，可登录页面，但管理系统收取的数据为错误数据。

（2）故障分析

可能是 PC104 工控机数据采集软件运行出错，CF 卡存储空间不足或故障等所致。

（3）维修方法及过程

将 CF 卡取出，用读卡器读取数据，发现可用存储空间已用完。进入"DEC"文件夹，删除多年前历史数据文件及秒钟值数据文件，分钟值文件为".epd"格式，秒钟值文件为".evt"格式，如图 2.10.5 所示。

图 2.10.5　CF 卡内数据文件

当发现收取的数据均为错误数据后，可用 FTP 登录，删除多年前历史数据文件及秒钟值数据文件，网页登录，远程重新启动，再检查当天数据是否恢复正常。

2.10.11　工控机软件故障导致死机

（1）故障现象

无法连接水位仪，ping 不通水位仪 IP 地址，但能 ping 通台站路由器地址。

（2）故障分析

与台站值班员联系，水位仪前面板有数据，初步确定水位仪工控机 PC104

通信故障。

（3）维修方法及过程

台站值班人员重启水位仪，水位仪网络恢复正常，数据收取正常。疑似上位机水位采集软件出现 bug。

2.10.12　CF 卡松动导致仪器死机

（1）故障现象

无法连接水位仪，ping 不通水位仪 IP 地址，但能 ping 通台站路由器地址。

（2）故障分析

与台站值班员联系，水位仪前面板显示正常，初步判断仪器工控机 PC104 故障。

（3）维修方法及过程

台站值班人员重启水位仪，水位仪无法恢复正常。随后台站人员重新拔插 PC104 的 CF 卡，重新启动仪器，仪器恢复正常。判断故障原因为 PC104 的 CF 卡松动，接触不牢靠。

2.10.13　内存条金手指氧化导致上位机无法启动

（1）故障现象

锦州沈家台 LN-3A 型水位仪工控机无法启动。

（2）故障分析

工控机供电正常，但工作不正常，怀疑内存条接触不良。

（3）维修方法及过程

对金手指进行去除氧化层处理，处理后可以正常启动。

2.10.14　钟差造成缺数

（1）故障现象

四平台 LN-3A 型水位仪收数正常，但零点数据丢失。

（2）故障分析

检查主板时钟和工控板时钟，发现两者有两分钟的钟差，推断为钟差造成丢数。

（3）处理措施

将主板与工控板时钟校对一致。

2.10.15　传感器故障导致数据乱跳、曲线毛刺

（1）故障现象

祁县台水位 2013 年 9 月 29 日 12:20 开始数据乱跳，曲线毛刺严重，且无固体潮，数据背景噪声加大，似高频干扰，如图 2.10.6 所示。

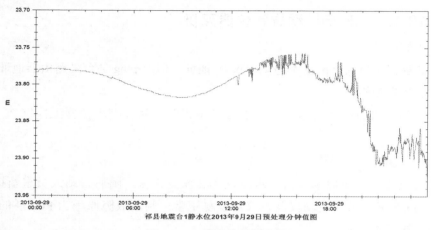

祁县地震台1静水位2013年9月29日预处理分钟值图

图 2.10.6　维修前数据曲线图

（2）故障分析

毛刺型突跳现象可能存在线路接触不良、供电不稳、主机内主板晶振块故障、探头故障等问题。

（3）维修方法及过程

现场人工准确校测实际水位值，将其作为判断依据。检查交、直流供电电压及接地正常，排除供电不稳定的因素；检查各线路接头接触情况，排除接触不良的因素；更换备用主机，观察数据变化，发现问题仍存在，初步判定是探头出现问题；给原主机输入端加一恒定电压（用万用表即可实现），记录数据为一恒定值，无毛刺，进一步断定为探头故障；更换探头，按"规范"要求测试探头 0 ~ 10m 线性，探头下放深度与原探头保持一致，产出数据相对稳定。经校测，仪器恢复正常工作。

2.10.16　传感器导压孔堵塞导致数据突跳

（1）故障现象

静乐台水位仪从 2014 年 12 月 17 日开始出现小幅突跳干扰，12 月 22 日校测水位，并将地线接至井口套管，自 12 月 23 日开始突跳干扰严重，突跳幅度增

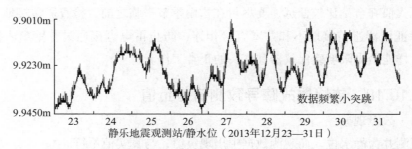

大，原因不明，见图 2.10.7。

图 2.10.7　静乐水位 2013 年 12 月 23—31 日分钟值曲线图

（2）故障分析

突跳干扰可能由供电不稳、接地干扰、仪器漏电、探头故障等原因引起。

（3）维修方法及过程

现场人工准确校测实际水位值，将其作为判断依据。检查交、直流供电电压及接地正常，排除供电不稳定的因素；检查各线路接头接触良好，排除接触不良的因素；断开交流电源仅使用直流供电，更换主机，数据仍有突跳；提起探头检查，发现导压孔堵塞，清理后突跳干扰排除。

导压孔堵塞，会造成传感器对气压感知受阻，导致单向数据突跳。堵塞较为严重时，可导致观测数据无明显变化。

2.10.17　探头变送器损坏导致缺数

（1）故障现象

2013 年 8 月 1 日起，东郭台水位仪缺数，网络连接仪器正常。

（2）故障分析

缺数可能由掉电、供电不稳、开关电源带负载能力减弱、主板死机、工控机故障、探头故障等原因引起。

（3）维修方法及过程

缺数时段同一测点其他仪器工作正常，排除供电问题；远程可 ping 通仪器 IP 地址，网页和 FTP 可正常登录，说明 PC104 工控机工作正常；初步判断传感器或者主板故障，现场查看仪器主机面板显示"OU"字符，断开后面板探头接口，在信号输入端接入 2V 以内稳定电压测试，仪器工作正常；接入探头接头后提升水位探头，水位仪显示无变化，认定传感器出现故障，检查变送器，发现内部电路板严重烧坏，可能是雷击所致。更换传感器后有数据产出，经校测，仪器工作正常。

无人值守台站比较偏远，要尽量在雷雨季节来临之前，检查避雷接地是否良好，保证仪器避雷接地不和井壁直接相连，防止雷电直接通过井壁窜入损坏探头，这样能最大限度确保仪器和探头的正常工作。

2.10.18　传感器故障导致测值为负值

（1）故障现象

观测井为静水位，而观测数据中出现负值，与真实值不符。

（2）故障分析

可能为参数错误、主板及探头故障。

（3）维修方法及过程

检查网页上的探头下放深度参数正常；断开后面板传感器接口，在主机信号输入端接入 2V 以内稳定电压测试，仪器工作正常；更换传感器后有数据产出，经校测，仪器工作正常，可确定仪器故障由传感器损坏引起。

2.10.19　传感器故障导致校测超差

（1）故障现象

仪器可产出测试数据，也可正常登录及收取数据入库，但在校测过程中发现相对误差严重超出要求范围。

（2）故障分析

主板工作点漂移或传感器故障等。

（3）维修方法及过程

记录仪器面板显示水柱高度值 4.465m，将传感器从井口位置提升 1m，准确固定传感器位置，此时面板显示水柱高度值为 3.732m，数据变化与实际不符，可判定传感器故障。更换传感器，并测试 0 ~ 10m 线性、校测均满足规范要求，仪器恢复正常。

2.10.20　传感器故障导致观测数据下降

（1）故障现象

水位数值下降 2m。

（2）故障分析

需要实地进行异常落实，存在仪器故障的可能性。

（3）维修方法及过程

台站人员现场校测水位，与仪器测量数值不一致，判断为仪器故障。随后运维人员携带新仪器赴台站检修，通过与新仪器进行对比试验，最终确定为老仪器传感器故障，通过与厂家沟通故障现象，判断为水位传感器内部晶体损坏，返厂维修。

2.10.21　传感器故障导致数据曲线形态异常

（1）故障现象

瓦房店楼房台 LN-3A 型水位仪数据曲线形态异常，没有固体潮变化。

（2）故障分析

传感器故障，传感器提升下降操作后，仪器数据变化幅度较实际值明显偏低。

（3）处理措施

更换传感器后工作正常。

2.10.22　传感器遭遇雷击损坏

（1）故障现象

四平台 LN-3A 型水位仪显示屏显示仪器初始的基准值。

（2）故障分析

重新启动观测仪器，显示屏依旧显示基准值，可以初步判断不是由于仪器死机造成的显示错误；LN-3A 型水位仪改造后配有外接的数据采集器，登录数采，调取当前数据，与屏显一样，初步判断为主机或传感器故障。测量主机探头输入电压，电压为 0，确定传感器出现故障，检查水位传感器，确定传感器损坏。回顾故障发生时，台站周边有雷暴发生，推测为雷击故障。

（3）处理措施

更换主机与水位传感器。

3 SWY-Ⅱ型水位仪

3.1 简介

SWY-Ⅱ型水位仪由中国地震局地壳应力研究所研制和生产。仪器具有高分辨力、高稳定性、高精度、数字化自动观测等特点。SWY-Ⅱ型以SWY-1A型水位仪为基础，对仪器硬件、性能、功能等多个方面进行了提升，实现了智能化和网络化观测。

3.2 主要技术参数

SWY-Ⅱ型水位仪的主要技术指标如下。

（1）量程：0 ~ 10m；

（2）分辨力：优于1mm；

（3）测量准确度：±0.2% F.S；

（4）测量稳定性：±0.1% F.S/ 年；

（5）采样率：1次/s。

3.3 测量原理

SWY-Ⅱ型水位仪采用压力式水位传感器，测量原理与LN-3A型水位仪相似，详细内容参见2.3节。

3.4 仪器构成

SWY-Ⅱ型水位仪由主机及水位传感器构成。

仪器传感器采用美国ICSensors公司86系列超稳压力传感器。该传感器为介质兼容硅压阻压力传感器，具有O形圈平面结构，采用316L不锈钢外壳包装，传感器封装采用硅油转移316L不锈钢膜片的压力传感元素；工作温度范围为–20 ~ –85℃；±0.1%的压力非线性；±1.0%量程跨度内可直接进行互换；具有低功耗等特征，辅以传感器外壳机械加工，适合地震地下水位连续观测，具有良好的精度、线性度和稳定性，如图 3.4.1 所示。

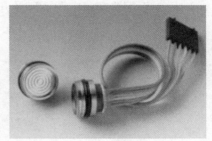

传感器外部用优质不锈钢（1Cr18Ni9Ti）材料制成，主要由电缆固定件、电路仓、配重锤组成，方便组装与拆卸，便于传感器维修。设计中为保证水位测量不受气压干扰，将半导体压力传感器的参考压力室通过电缆中的导气管与大气相连，如图 3.4.2 所示。

图 3.4.1　水位传感器

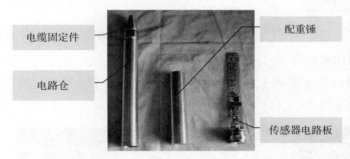

图 3.4.2　传感器组成

（1）前面板

主机前面板见图 3.4.3，指示灯包括：命令指示灯，数据指示灯，采样指示灯，状态指示灯，以及 15V、12V、5V 三个电源指示灯；网络接口板工作指示灯，即 COM1 工作状态灯、COM2 工作状态灯、操作系统工作状态灯、电源指示灯。

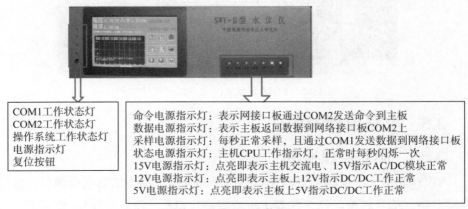

图 3.4.3　前面板实体图

（2）后面板

后面板配置交流电源插座及开关、12V 电瓶插孔、避雷地接线柱、RJ45 网络接口及水位探头接口，见图 3.4.4。

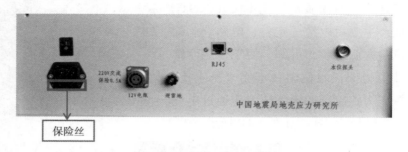

图 3.4.4　SWY-Ⅱ型水位仪主机后面板

（3）主机内部结构

仪器主机内部主要有主板、A/D 模块、网络接口板（兼显示板）、电源模块等，内部结构见图 3.4.5。

图 3.4.5　SWY-Ⅱ型水位仪主机内部结构图

3.5　电路原理及图件

3.5.1　电路原理框图

SWY-Ⅱ型水位仪的主要电路包括 5 个部分，分别为供电电源部分、水位传感器电路、信号转换电路、仪器主板、网络接口板（兼显示板）。显示板外带可触摸显示屏，显示相关测量信息和观测数据。仪器通过 RJ45 网络接口与外部进行数据交换。电路原理框图见图 3.5.1。

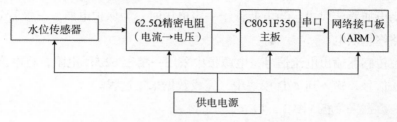

图 3.5.1　SWY-Ⅱ型水位仪电路原理框图

3.5.2　电路原理图介绍

（1）水位传感器电路（图 3.5.2）

为适应地震台站观测的复杂环境，设计传感器电路时需要考虑信号长距离输送。水位传感器会将压力传感器输出的信号输入到二线制变送器（由高精度仪表放大器、压控电流源、与压敏器件匹配的高精度电阻组成）中，该电流信号经过电缆传回到主机内部，主机内部采用一精密 62.5Ω 电阻，将电流信号转换成电压信号，输入到 A/D 模块中，完成数据采集过程。

为使传感器输出电流为 4 ~ 20mA，需对变送器输入倍数进行细微调整、反复实验。结合台站实际观测结果，改进变送器输入倍数的调整方法为：先用标准电阻箱调节其电阻值，如将压力传感器受压 1kPa（在实验室条件下，较难控制 0kPa 条件）时的输出电流值设为 0.56mA，受压 100kPa 时的输出电流值设为 20mA，反复几次耦合之后，得到相应的电阻值，然后采用等值的精密电阻焊接。

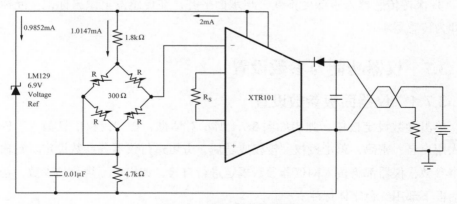

图 3.5.2　水位传感器电路图

（2）电源及信号变换板（图3.5.3）

当用市电交流供电时，12V免维护电瓶处于浮充电状态；当市电停电后，自动切换为电瓶直流供电。当电瓶低于一定电压时，为保护电瓶，三极管Q1会截止，电路终止供电。

水位传感器输出电流信号，电源板中采用一精密62.5Ω电阻，将电流信号转换成电压信号，输入到A/D模块中，完成数据采集过程。

（3）数据采集板（图3.5.4）

其集成了C8051F350单片机的基本外围电路和典型应用电路。

主要芯片及资源：①C8051F350；②8k FLASH；③768字节内部数据RAM；④4个通用16位定时器／计数器；⑤片内电压比较器；⑥内置温度传感器；⑦SMBUS、增强型SPI、增强型UART接口；⑧16位的可编程计数阵列（PCA）；⑨8通道高精度24位ADC；⑩2通道8位电流模式DAC。

3.6　仪器安装与调试

SWY-Ⅱ型水位仪的安装及调试方法与LN-3A型水位仪基本一致，详细操作可参见2.6节。考虑台站地理位置不同，井水温度、水质及重力加速度与实验室状态有所不同，为使水位测量更加精确，SWY-Ⅱ型水位仪在安装之前，需确定"传感器零点"，即传感器电压输出0.26V的点。具体做法如下。

①将水桶装满水，水桶深度最好大于传感器高度。

②将传感器竖直放入水桶，观察水位仪输出值，使水位仪输出值稳定在0.26V。

③保持传感器入水深度不变，与水面平齐，在传感器上做出标记。此标记处即为传感器零点。

3.7　仪器功能与参数设置

3.7.1　仪器面板参数设置

单击参数设定按钮，弹出如图3.7.1所示对话框，在"授权信息输入"栏中输入用户名、密码，单击授权。授权成功后，方可进行仪器各参数设定。每输入一个参数，仪器都将按入网仪器参数规定进行自检，如出现不规范的参数，会在对话框下部用红色字体标注。

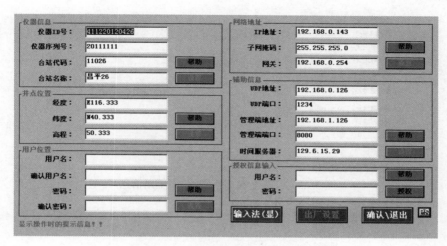

图 3.7.1　SWY-Ⅱ参数设置对话框

3.7.2　WEB 网页参数设置

将 IP 地址输入浏览器，将显示初始页面，单击屏幕中间字样，进入首页。

（1）首页

仪器首页介绍了 SWY-Ⅱ型水位仪的相关组成及原理，展示了各组成部分的照片。同时，用户可通过首页，直接查看该仪器说明书。为了监测网页流量，以判断网页是否被人恶意攻击，仪器首页设有流量计数器，可以记录该网页访问量。

（2）仪器指标

该网页中介绍了 SWY-Ⅱ型水位仪的仪器指标与特性等信息。

（3）仪器配置（图 3.7.2 ~ 图 3.7.4）

在仪器配置网页中，可以配置仪器各类参数，这些参数在仪器主机上也可配置。

本页用配置仪器的基本信息，包括仪器ID号、仪器的网络信息等内容，配置过程请严格按照国家前兆台网中心相关规定执行，如有问题请咨询厂家或国家前兆台网中心相关人员。

仪器ID号：	411220080818	仪器ID号根据仪器入网规范，输入12个字符作为全国仪器唯一标识
仪器序列号：	20111111	仪器通讯用序列号，如有问题请咨询厂家，8位字符
台站代码：	11011	根据规定，全国统一的5位台站代码
台站名称：	昌平台	标准的台站名称，可输入中文
经度：	E116.31	井点位置的经度信息
纬度：	N40.11	井点位置的纬度信息
高程：	50.41	井点位置的高程信息

10 加 12 等于 [　　]（输入验证）

用户名：[　　]　密码：[　　]

[提交]　[重置]

图 3.7.2　仪器配置（基本信息）

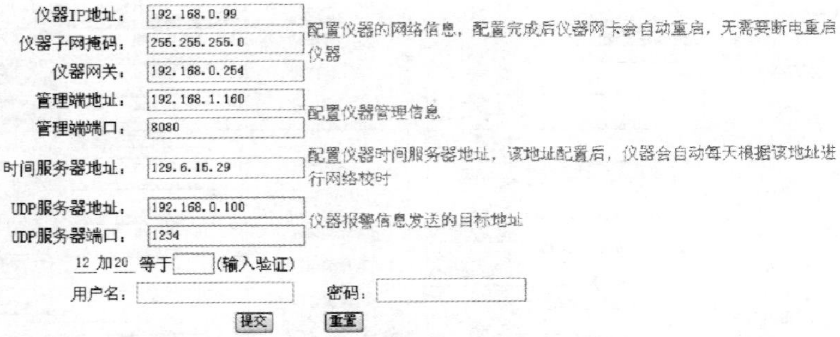

仪器IP地址：	192.168.0.99	配置仪器的网络信息，配置完成后仪器网卡会自动重启，无需要断电重启
仪器子网掩码：	255.255.255.0	仪器
仪器网关：	192.168.0.254	
管理端地址：	192.168.1.160	配置仪器管理信息
管理端端口：	8080	
时间服务器地址：	129.6.15.29	配置仪器时间服务器地址，该地址配置后，仪器会自动每天根据该地址进行网络校时
UDP服务器地址：	192.168.0.100	仪器报警信息发送的目标地址
UDP服务器端口：	1234	

12 加 20 等于 ☐（输入验证）

用户名： ☐　　　　密码： ☐

提交　　重置

图 3.7.3　仪器配置（网络地址及辅助信息）

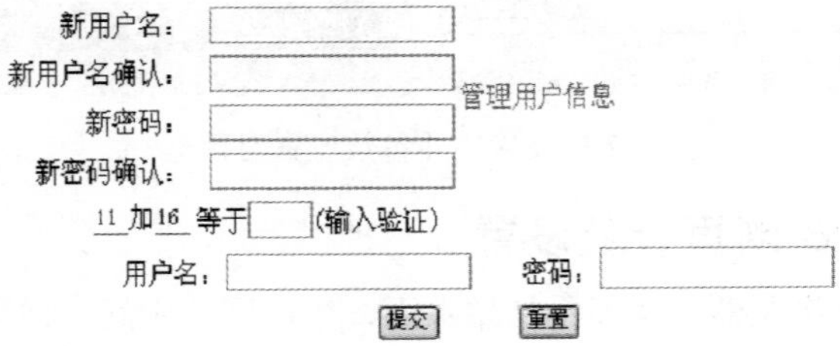

新用户名： ☐
新用户名确认： ☐
新密码： ☐　　管理用户信息
新密码确认： ☐

11 加 16 等于 ☐（输入验证）

用户名： ☐　　　密码： ☐

提交　　重置

图 3.7.4　仪器配置（仪器授权信息）

可配置的参数主要分为三部分，各部分以黄线分割：基本信息、网络地址及辅助信息、仪器授权信息。各部分可分别配置，分别提交。

基本信息包括：

① 仪器 ID 号，共 12 位，为全国仪器唯一标识，需正确填写，否则将影响数据入库；

② 仪器序列号，共 8 位，由厂家提供，需正确填写，否则影响数据收取；

③ 台站代码，共 5 位，需正确填写，否则将影响数据入库；

④ 台站名称，即标准的台站名称，可输入中文信息；

⑤ 经度，例如"E116.31"；

⑥ 纬度，例如"N40.11"；

⑦ 高程，例如"50.41"（基础信息按国家台网中心相关标准认真填写）。

网络地址及辅助信息如下。

① 仪器 IP 地址，初始默认地址为"192.168.0.99"。

② 仪器子关掩码，初始默认为"255.255.255.0"。

③ 仪器网关，初始默认为"192.168.0.254"。

以上三项配置完成后，仪器网卡会自动重启，无需断电重启仪器。

④ 管理端地址，为仪器管理端 IP 地址。

⑤ 管理端端口，默认为"8080"。

⑥ 时间服务器地址（仪器内部还包含 6 个外网的 SNTP 服务器地址，仪器访问 SNTP 服务器的顺序是：先访问 6 个外网地址，如台站设置无法访问外部时，才根据此处配置的 SNTP 服务器进行时间读取）。

⑦ UDP 服务器地址，UDP 服务器端口，为仪器报警信息发送的目标地址（此功能尚未开放）。

在仪器授权信息部分，可以更改仪器用户名、密码，方便仪器管理。

（4）仪器安装（图 3.7.5）

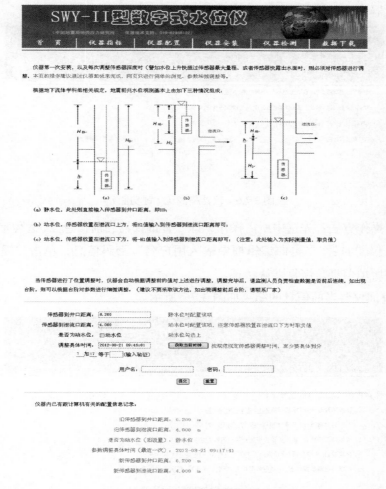

图 3.7.5　仪器安装

本页分为三部分。

第一部分较为详尽地介绍了水位传感器安装的相关原理，给出了原理图。

在第二部分，可以设定仪器安装参数。具体参数为：静水位时，传感器到井口距离；动水位时，传感器到泄流口距离；动水位标记；调整具体时间。

在网页第三部分，记录了传感器入水参数修改信息，方便用户随时查阅。具体信息包括：旧传感器到井口距离，旧传感器到泄流口距离，静水位／动水位，最近一次参数调整具体时间，新传感器到井口距离，新传感器到泄流口距离。

（5）仪器检测（图 3.7.6）

仪器检测网页包括三部分内容。在第一部分，用户可查询仪器当前信息，远程重启仪器，校对仪器时钟。

图 3.7.6　仪器检测（一键功能）

具体操作方法：先选中所需操作，即"查询仪器当前信息""远程重启仪器"或"校对仪器时钟"，再向编辑框中输入用户名、密码信息，单击"提交"。重置可清空所填信息，恢复默认状态。

① 查询仪器当前信息的结果如图 3.7.7 所示。

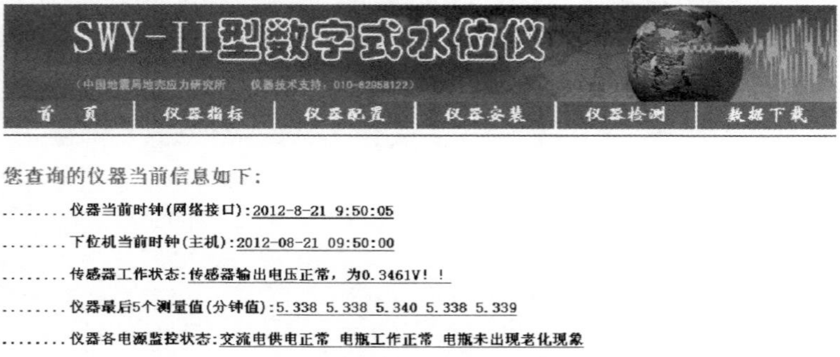

您查询的仪器当前信息如下：

……仪器当前时钟(网络接口)：2012-8-21 9:50:05

……下位机当前时钟(主机)：2012-08-21 09:50:00

……传感器工作状态：传感器输出电压正常，为0.3461V！！

……仪器最后5个测量值(分钟值)：5.338 5.338 5.340 5.338 5.339

……仪器各电源监控状态：交流电供电正常 电瓶工作正常 电瓶未出现老化现象

图 3.7.7　查询仪器当前信息的结果

② 远程重启仪器：提交后，仪器远程自动重启，其只是网络接口板（ARM板）的重启，而不涉及主机的重启。

③ 校对仪器时钟：针对某些台站 SNTP 服务器访问不到等情况，仪器支持远程计算机对仪器进行时钟校对。单击"提交"后，仪器会根据本地计算机时间，对网络接口板（ARM 板）时钟进行校对，从而保证仪器工作时钟的一致性。

在仪器检测第二部分，主要介绍仪器传感器的设计以及特点。

在仪器检测第三部分，用户可设置传感器拟合参数，如图 3.7.8 所示。

4阶拟合参数微调:(注意,该操作不建议在网页上实现,因为在主机面板上,仪器会根据实际测量结果自动计算)

A0= -2.6000　　　　　　　　　　　默认值为-2.6
A1= 10.0000　　　　　　　　　　　默认值为10.0
A2= 0.0000　　　　　　　　　　　 默认值为0.0
A3= 0.0000　　　　　　　　　　　 默认值为0.0
A4= 0.0000　　　　　　　　　　　 默认值为0.0

14 加 11 等于 [　] (输入验证)
用户名：[　　　　] 密码：[　　　　]
[提交] [重置]

图 3.7.8　仪器检测（设置传感器拟合参数）

（6）数据下载

在数据下载功能中，用户主要可以浏览并下载五种类型的数据。浏览方式为：鼠标左键单击数据文件文件名，即可打开文件。数据下载方式为：鼠标右键单击数据文件文件名，选择"目标另存为"，在弹出的对话框中选择保存文件的路径，确认即可，如图 3.7.9 所示。

图 3.7.9　数据下载

本网页还有一个功能，即从秒钟值数据里恢复分钟值数据。此功能用于：当出现主机断电，分钟值数据丢失，而秒钟值数据较全的情况时，可用其恢复分钟值数据。具体操作如下：在"请选择需要恢复数据的日期"编辑框内输入被恢复文件的日期，格式为"yyyymmdd"，即"十五"文件文件主名，例如"20120821"；在"用户名""密码"编辑框内输入正确的用户名、密码，单击提交。如需重新输入，单击"重置"按钮，如图 3.7.10 所示。

图 3.7.10　数据下载（恢复分钟值数据）

使用该功能，可从秒钟值文件中恢复出 qzh 文件以及"十五"格式文件。

3.7.3　FTP 文件传输

SWY-Ⅱ型水位仪支持 FTP 协议，可通过 FTP 软件下载仪器数据，更新软件，如图 3.7.11 所示。

图 3.7.11　FTP 文件夹列表

"UPDATE"文件夹用来更新可执行文件。

"EXE"文件夹用来存储可执行文件。

"parameter"文件夹用来存储仪器相关参数。

水位仪的数据及日志等信息保存在根目录下的"data"文件夹下。其文件夹列表如图 3.7.12 所示。

"image"文件夹下的"ps.bmp"为截图文件。

"log"文件夹：主机运行日志文件以及各项报警信息。

"org"文件夹："九五"原始文件。

"qzh"文件夹:"九五"前兆文件(物理量文件)。

"secdata"文件夹:秒钟值电压量文件。

"shiwu"文件夹:"十五"规程格式的数据文件(物理量文件)。

"worklog"文件夹:软件工作日志文件以及台站标定、实验室标定信息和台站校准信息。

名称	大小	类型	修改时间
〈上层目录〉			
image		文件夹	2013-5-10 22:00
log		文件夹	2012-4-9 13:53
org		文件夹	2012-4-9 13:53
qzh		文件夹	2012-4-9 13:53
secdata		文件夹	2012-4-9 13:53
shiwu		文件夹	2012-4-9 13:53
web		文件夹	2012-4-9 13:53
worklog		文件夹	2012-4-9 13:53

图 3.7.12 "data"文件夹列表

3.7.4 数据存储

SWY-Ⅱ型水位仪存储有 5 种类型的数据文件,分别如下。

(1)"十五"规程格式的数据文件(物理量文件)

该文件为符合"十五"通信规程格式的数据文件。

该文件的文件名格式为"YYYYMMDD.sw",例如"20120822.sw",其表示 2012 年 8 月 22 日水位数据。

具体格式如图 3.7.13 所示。

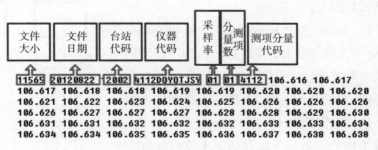

图 3.7.13 "十五"规程格式的数据文件(物理量文件)

文件大小:以字节为单位,本文件大小为 11565 字节。

文件日期:格式为"YYYYMMDD",如"20120822"。

台站代码:5 位台站代码,如"12002"。

仪器 ID：12 位仪器 ID，如 "4112DQYQTJSY"。

采样率：秒采样为 "02"，分采样为 "01"，小时值为 "60"。

测项分量数：文件中包含的测项分量数，"01" 表示 1 个测项分量。

测项分量代码：文件中包含的测项分量代码，有多个测项分量时，以空格分隔。

观测数据：按照测项分量代码顺序和时间顺序依次排列，每个分量的观测数据以空格分隔，缺数以 "NULL" 表示。

（2）"九五" 原始文件（电压量文件，按 "九五" 标准存储）

文件名：YYYYMMDD.org。

其格式如图 3.7.14 所示。

台站代码："九五" 台站代码，六字节。

"九五" 测项分量代码：水位为 "D99921"。

数据：6 字节，数据单位为 0.1mV，即 "011577" 代表 1157.7mV（＝1.1577V），缺数以 "AAAAAA" 表示。

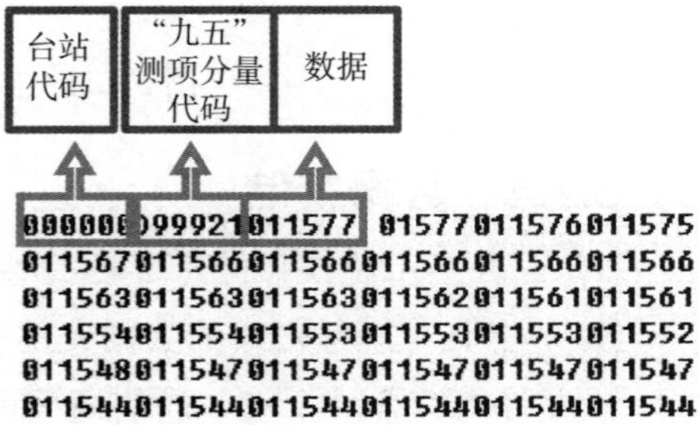

图 3.7.14 "九五" 原始文件

（3）秒钟值文件（电压量文件，秒采样）

文件名：YYYYMMDD.sec。

其格式如图 3.7.15 所示。

时间：格式为 "hh:mm:ss"，从 00:00:00 至 23:59:59；若某时刻缺数，则跳过该时刻，直至某一时刻成功收取数据。

电压值：单位为 V，即 "1.1523" 表示 1.1523V。

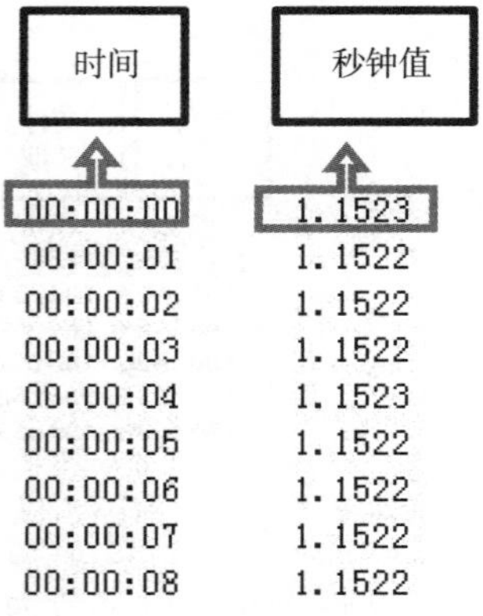

（4）软件工作日志

软件工作日志条目下保存如下文件：台站标定结果文件、实验室标定结果文件、台站校准结果文件以及日常软件工作日志。

①台站标定结果文件（文件名：sensecheck.txt）。

日志格式如图 3.7.16 所示。

图 3.7.15 秒钟值文件

实验开始时间：2012-08-15 16:11:17　　实验结束日期：2012-08-15 16:13:46

深度(m)	埋深(m)	入水(m)	电压(V)	结果(V)	误差
0.000	0.236	0.000	0.2599	0.0001	0.0001
1.000	0.214	1.022	0.3612	1.0220	-0.0000
2.000	0.208	2.028	0.4612	2.0272	-0.0008
3.000	0.204	3.032	0.5615	3.0332	0.0012
4.000	0.198	4.038	0.6617	4.0369	-0.0011
5.000	0.195	5.041	0.7622	5.0427	0.0017
6.000	0.188	6.048	0.8626	6.0468	-0.0012
7.000	0.181	7.055	0.9635	7.0548	-0.0002
8.000	0.176	8.060	1.0643	8.0601	0.0001
9.000	0.169	9.067	1.1656	9.0676	0.0006
10.000	0.165	10.071	1.2669	10.0707	-0.0003

411220120426仪器现场线性测试结果如下：
A0 = -2.6508
A1 = 10.3156
A2 = -0.5571
A3 = 0.4703
A4 = -0.1589
公式3（四阶拟合）：$y = -0.1589 * x^4 + 0.4703 * x^3 + -0.5571 * x^2 + 10.3156 * x + -2.6508$

图 3.7.16　台站标定结果文件

②实验室标定结果文件（文件名：linearreport.txt）。

日志格式如图 3.7.17 所示。

实验开始时间：2012-08-15 14:41:00　　实验结束日期：2012-08-15 14:52:27

深度(m)	正向(V)	反向(V)	均值	结果	误差
0.000	0.2599	0.2606	0.2602	-0.000	-0.000
1.000	0.3591	0.3599	0.3595	1.001	0.001
2.000	0.4583	0.4592	0.4587	1.998	-0.002
3.000	0.5582	0.5592	0.5587	3.001	0.001
4.000	0.6581	0.6589	0.6585	4.000	0.000
5.000	0.7580	0.7589	0.7585	5.000	-0.000
6.000	0.8581	0.8590	0.8585	6.000	0.000
7.000	0.9581	0.9593	0.9587	7.000	-0.000
8.000	1.0584	1.0597	1.0591	8.000	-0.000
9.000	1.1592	1.1601	1.1597	9.001	0.001
10.000	1.2603	1.2603	1.2603	10.000	-0.000

411220120426仪器线性测试结果如下：
A0 = -2.6472
A1 = 10.2567
A2 = -0.3973
A3 = 0.2899
A4 = -0.0907
公式3（四阶拟合）：$y = -0.0907 * x^4 + 0.2899 * x^3 + -0.3973 * x^2 + 10.2567 * x + -2.6472$

图 3.7.17　实验室标定结果文件

③台站校准结果文件（文件名：linearchek.txt）。

日志格式如图 3.7.18 所示。

④日常软件工作日志（文件名：yyyymmdd.log）。

其日志级别定义如下。

#define　　　TYPE_DAILY　　　　　　1

#define　　　TYPE_RUNERROR　　　2

#define	TYPE_SETERROR	3
#define	TYPE_SETPARAM	4
#define	TYPE_WARNING	5
#define	WARNING_BATTERY	6
#define	WARNING_AC	7
#define	WARNING_DEPTH	8

0001：表示记录到软件日常工作内容。

0002：表示软件运行产生的错误，如数据接收失败、SNTP 校时失败等。

0003：表示参数设置错误。

0004：表示参数有改变。

0005：一般警告信息。

0006：电瓶警告信息，如电瓶老化等。电瓶一旦老化，电瓶内部可能存在短路部分，充电电流将急剧增加，影响整个仪器的稳定工作，所以一旦出现电瓶老化现象，建议立即更换新电瓶。

0007：传感器置深报警，如传感器快露出水面或者传感器入水接近 10m，传感器超量程 10% 时，会损坏传感器。

```
实验日期：2012-08-15 16:24:58

深度(m)        电压(V)  4阶公式  差值     %%//FS
0.000          0.2599   0.000    0.000    0.001
1.522          0.4112   1.525    0.003    0.029
3.534          0.6114   3.533    -0.001   -0.008
5.544          0.8123   5.544    -0.000   -0.002
7.555          1.0141   7.560    0.005    0.047
9.565          1.2161   9.568    0.003    0.033
```

图 3.7.18　台站校准结果文件

（5）主机运行日志

主机运行日志有两种类型的文件。一种类型文件的文件名为"swyyyymmdd.log"，它记录与数据管理系统通信的日志文件，符合"十五"仪器通信规程中相关规定。

另一种类型文件的文件名为"zjyyyymmdd.log"，它是水位仪内部日志。

下面举例说明日志格式。

收到的日志：

B12345504F4E0200010200040006000804040204FFFFFFFF5744540200010200040
006000804050209FFFFFFFF

日志详解：

"B12345"为台站代码，16 进制，支持台站代码标准。

"504F4E"为 ASCII 码 PON，代表冷启动（开机）。

"0200010200040006000804040204"为开机时间 2012 年 4 月 6 日 8 时 44 分 24 秒，单 BCD 码（每字节 1 个 BCD 码，高 4 位为 0）。

"574454"为 ASCII 码 WDT，代表热启动（看门狗），3 字节。

"0200010200040006000804050209"为开机时间 2012 年 4 月 6 日 8 时 45 分 29 秒，单 BCD 码（每字节 1 个 BCD 码，高 4 位为 0）。

"FFFFFFFF"为日志分隔符，16 进制，长度 21 字节。

收到的日志：

B003B1234520111111000000002000102000400060009000403 07FFFFFF
FF900312040609481920111111020001020004000600090009010768

日志详解：

"B003"修改台站代码，16 进制，2 字节。

"B12345"为新台站代码，16 进制，3 字节。

"20111111"为仪器序列号，16 进制，4 字节。

"000000"为原台站代码，16 进制，3 字节。

"02000102000400060009000403 07"为修改台站代码时间 2012 年 4 月 6 日 9 时 4 分 37 秒。

"FFFFFFFF"为日志分隔符，16 进制，长度 30 字节。

"9003"为校对仪器时钟，16 进制，2 字节，暂只支持不带星期的对时命令，年只有 1 个字节 12 年。

"120406094819"为校对后的时间 2012 年 4 月 6 日 9 时 48 分 19 秒。

"20111111"为仪器序列号，16 进制，4 字节。

"0200010200040006000904080200"为校对前的仪器时钟 2012 年 4 月 6 日 9 时 48 分 20 秒。

"FFFFFFFF"为日志分隔符，16 进制，长度 30 字节。

EPCC 中日志翻译为："2012-04-06 09:48:20　　　校对仪器时钟，新时间为：20120406094819"。

3.7.5 仪器软件介绍

仪器内置 1GB CF 卡，主要用来保存仪器相关的程序、参数、数据。

通过 FTP 登录到仪器，可以看到如图 3.7.11 所示 4 个文件夹。

软件工作流程如图 3.7.19 所示。

自启动程序为"：\sdmem\UPDATE"路径下的"UpdateSoftware.exe"。其主要作用有如下两点。

（1）负责将 UPDATE 文件夹内的"*.exe"文件以及自定义动态库文件 *.dll"复制到"EXE"文件夹内，从而完成软件更新过程。由此可见，软件更新时，只需要将要更新的软件以覆盖的方式上传到 UPDATE 文件夹内，然后远程重启仪器网络接口即可。

（2）引导其他程序的启动，"UpdateSoftware.exe"的另一项工作就是启动 EXE 文件夹里的"main.exe"文件。

"UpdateSoftware.exe"程序在完成上述两项工作后，会自动退出。

注意，如网页需要更新时，直接将网页文件如"*.html"或者"*.asp"上传到 DATA 文件夹内即可，UPDATE 文件夹内只负责"*.exe"文件和"*.dll"文件的更新。

"main.exe"程序有十大功能。

① 绘制出仪器显示板主界面。

② 实现看门狗功能，打开硬件看门狗，定时喂狗。

③ 打开 81 端口软件，响应数据管理系统命令，实现数据入库，在管理系统内实现仪器控制等功能。

④ 打开 COM1 端口，接收秒钟值数据，并将主板时钟与显示板时钟进行对比，若两者相差在 30 秒内，则不进行对时，否则显示板对主板校时；根据四阶拟合所生成的转换参数，将主机电压值换算成传感器吃水深度以及水位埋深，实现动态曲线的绘制；保存秒钟值数据；若连续未成功收取秒钟值数据，将会向主机复位端发送复位命令。

⑤ 每半小时启动"recvmain.exe"程序，用来接收分钟值数据；打开 COM2 端口；检查主板时钟是否正常；收取昨天数据及日志（若昨天日志已储存，则跳过此操作）；收取当天仪器数据和当天工作日志；退出"recvmain.exe"程序。

⑥ 创建所有设置、操作对话框，进行空间分配；进行参数设置及标定等工作；释放存储空间。

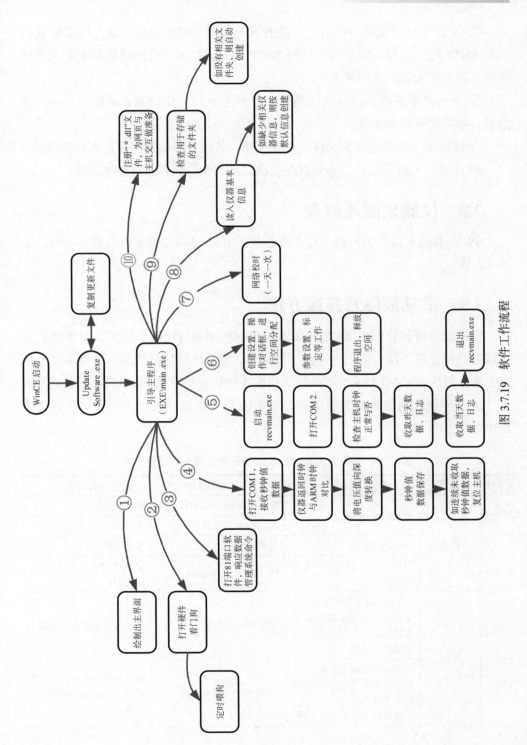

图 3.7.19 软件工作流程

⑦ 每天进行一次网络校时，一共有 6 个公网 SNTP 地址，加上仪器配置的一个 SNTP 地址。校时顺序为：公网 SNTP 优先，当 6 个公网地址都不能成功访问时，再利用配置的 SNTP 地址。

⑧ 读入仪器基本信息，如仪器 ID、序列号、台站代码等；若缺少相关仪器信息，则按默认信息创建。

⑨ 检查用于存储数据的文件夹是否存在；若缺少相应文件夹，则自动创建。

⑩ 注册 "*.dll" 文件，为网页与主机交互工作的顺利进行提供保障。

3.8 仪器校测及检查

SWY- Ⅱ 型水位仪的校测及检查流程及要求与 LN-3A 型水位仪基本一致，参见 2.8 节。

3.9 常见故障及排除方法

根据地下流体台网中 SWY-II 型水位仪的观测运行情况，相关人员系统收集了仪器故障信息，结合研发专家提供的资料，综合统计故障现象、可能原因及排除方法，形成 SWY-II 型水位仪故障及排除方法信息统计表（表 3.9.1），在此基础上，进一步筛选列出故障维修实例，见 3.10 节，供仪器使用维修人员在日常工作中参考。

表 3.9.1 SWY- Ⅱ 型水位仪故障分析及排除方法统计表

序号	观测环节	故障现象	可能故障原因	排除方法
1	供电	通电后面板无显示	交流电源插座保险管断	更换保险丝
2			AC/DC 电源模块故障	更换 AC/DC 电源模块
3		网络连接不通	电源故障	检修电源
4		网络不通，面板 5V 状态灯不亮	5V DC/DC 模块故障	更换电源板上的 5V DC/DC 模块
5	主机	1.输出与真实值严重不符，更换测试电阻后输出值偏差较大；2. 输出为空值	数据采集板故障	检修或更换数据采集板
6		1. 通电后面板无显示；2. 主机启动未完成，停留在开机画面；3. 仪器指示灯指示不正常	ARM 网络显示板故障	断电重启主机，仍工作不正常，更换 ARM 网络显示板

序号	观测环节	故障现象	可能故障原因	排除方法
7	主机	仪器开机后不能正常进入程序，直接进入到 WinCE 界面	CF 卡损坏或 CF 卡存储单元损坏	更换 CF 卡或者维修 ARM 网络显示板
8		电压值为"999999"	串口通信故障	更换串口线或者串口驱动芯片
9	通信单元	网络连接不通	网络故障	检修或更换 ARM 网络显示板
10		原始文件不能正常产生"十五"格式文件	软件版本过低	将新主程序"main.exe"通过 FTP 上传至"update"文件夹后重启主机
11		仪器开机后不能正常进入程序，直接进入 WinCE 界面	"EXE"文件夹中的"UpdateSoftware.exe"文件损坏	在 WinCE 界面下，通过 FTP 将"UpdateSoftware.exe"复制到"EXE"文件夹中，断电重新启动后恢复正常
12	传感器	数据跳动异常，显示电压值错误，仪器输出空值	探头故障	更换传感器

3.10　故障维修实例

3.10.1　电源模块故障导致无法开机

（1）故障现象

通电后面板无显示。

（2）故障分析

交流电源插座保险管断路、AC/DC 电源模块故障或 ARM 板故障。

（3）维修方法及过程

打开主机上盖板，通电，测试电源模块 220V 输入端电压为 220V，供电正常；检查电源模块输出端无 12V 输出，确定电源模块故障，更换电源模块后恢复正常。

3.10.2　电源模块故障导致网络连接失败

（1）故障现象

网络不通，面板 5V 状态灯不亮。

（2）故障分析

5V DC/DC 模块故障导致无 5V 输出，网络板未能正常供电。

（3）维修方法及过程

在电源板上找到 5V DC/DC 模块，更换同型号模块，焊接时插孔不能插反，否则会引起更大的损坏。同样，若 12V 电源指示灯不亮，检查 12V DC/DC 模块，进行更换。

3.10.3　主板故障导致缺数

（1）故障现象

采集数据为空值，仪器指示灯指示不正常，状态灯长亮。

（2）故障分析

主板、探头故障。

（3）维修方法及过程

将仪器后面板处的水位传感器接头断开，接入 3kΩ 电阻进行测试，仪器面板显示电压值错误，说明主机工作不正常，面板电压指示灯显示正常，更换主板后恢复正常工作。

3.10.4　AD 采集板故障导致屏幕电压输出为 "999999"

（1）故障现象描述

仪器开机后进入主界面，电压值为 "999999"。

（2）故障分析

数据采集板串口通信问题、ARM 板串口通信问题、串口线问题、传感器故障。

（3）维修方法及过程

通过测试确定出现故障的位置，可以用更换模块的方法排查。更换串口线仍不能恢复正常；更换 ARM 板及使用新探头接入，电压值仍为 "999999"，更换数据采集板后恢复正常。

3.10.5　CF 卡故障导致无法开机

（1）故障现象

网络连接不通，局域网内其他仪器网络连接正常，更换网线后不能恢复正常，仪器面板电源指示灯显示正常，显示屏不显示。

（2）故障分析

网络板件故障或系统崩溃导致网络连接不正常。

（3）维修方法及过程

面板电压指示灯亮，说明供电正常；面板显示屏未显示，且网络不通，说明网络板件供电不正常或故障。检查网络板供电正常，将 CF 卡取下，用读卡器检查，发现不能正常读取数据，更换新的 CF 卡后面板显示正常，重新设置参数后仪器恢复正常工作。

3.10.6 不能转换成"十五"格式文件

（1）故障现象

原始文件不能正常产生"十五"格式文件。

（2）故障分析

软件版本过旧，或需要升级。

（3）维修方法及过程

通过 FTP 登录仪器，在"data\worklog\"文件夹中有"version.txt"文件，文件中包含现有运行程序的版本信息，见图 3.10.1，将主程序"main.exe"通过 FTP 上传至 UPDATE 文件夹后重新启动主机即可。

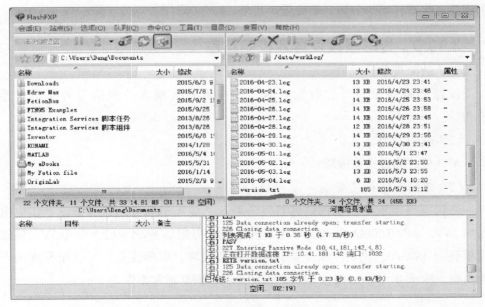

图 3.10.1 SWY-Ⅱ型水位仪通过 FTP 登录仪器 worklog 文件夹

3.10.7　不能正常进入程序主页面

（1）故障现象

仪器开机后不能正常进入工作界面，直接进入 WinCE 界面。

（2）故障分析

EXE 文件夹中的"UpdateSoftware.exe"文件损坏、CF 卡损坏、CF 卡存储单元损坏等。

（3）维修方法及过程

在 WinCE 界面下，通过 FTP 将"UpdateSoftware.exe"复制到 EXE 文件夹内，断电重新启动后恢复正常。

3.10.8　传感器故障导致数据紊乱

（1）故障现象

水位仪数据紊乱，乱码或者为空。

（2）故障分析

仪器软件故障或者探头故障。

（3）维修方法及过程

重启仪器，数据仍然为乱码，随后采用新、旧仪器替换、对比的方法，最终确定为老仪器传感器故障，需要返厂维修。

3.10.9　传感器故障导致校测超差

（1）故障现象

仪器面板显示正常，收数正常，但校测时发现水位测值与真实值严重不符。

（2）故障原因

A/D 板故障或探头故障。

（3）维修方法及过程

将仪器后面板处的水位传感器接头断开，接入 3kΩ 电阻进行测试。供电电压为 24V，24V/3000Ω=8mA，该电流通过标准电阻后 8mA × 62.5 Ω=0.5V，仪器面板显示 480mV，说明主机正常，判定探头故障。更换探头，下放至原探头下放位置，测试 0 ~ 10m 线性，校测满足要求，恢复正常工作。

3.10.10 面板显示电压值不正常

（1）故障现象

缺数，主机面板状态灯长亮，显示电压值错误。

（2）故障分析

主板或传感器故障。

（3）解决方法

将仪器后面板处的水位传感器接头断开，接入 3kΩ 电阻进行测试，仪器面板显示 480mV 左右，说明主机正常，判定探头故障。更换探头，下放至原探头下放位置，测试 0 ~ 10m 线性，校测满足要求，恢复正常工作。

4 SZW-1A 型数字式温度计

4.1 简介

SZW-1A 型数字式温度计由中国地震局地壳应力研究所研制和生产，具有高分辨率、高稳定性、高精度、宽量程、数字化、自动观测等特点。其采用智能化设计、CMOS 系列集成电路，具有功耗低、功能强、管理使用方便等特点。

4.2 主要技术参数

SZW-1A 型数字式温度计的主要技术指标如下。

（1）分辨力：0.0001℃。

（2）短期稳定性：漂移小于 0.0001℃ / 日。

（3）长期稳定性：漂移小于 0.01℃ / 年。

（4）绝对精度：±0.05℃。

（5）动态范围：0 ~ 100℃。

4.3 测量原理

SZW-1A 型数字式温度计是以石英晶体为测温元件，利用石英谐振器自振频率随温度变化的特性确定温度的仪器。频率 – 温度变换关系可以表示为：

$$T = A_0 + A_1 f + A_2 f^2 + A_3 f^3 + A_4 f^4 + \cdots$$

式中，f 为石英谐振器的自振频率；T 为石英谐振器的温度；A_0，A_1，A_2，A_3，A_4 为石英晶体温度传感器的温度转换常数，SZW-1A 型数字式温度计探头的这五个常数经由计量部门标定后给出。

4.4 仪器构成

SZW-1A 型数字式温度计由石英晶体温度传感器（探头）、主机两部分组成。

传感器部分放入井下，可将温度信号转换为频率信号，再通过线缆送入主机。主机可采集、处理、存储数据，最后通过 RS232 串口将原始数据送入网络通信单元，网络通信单元对收到的原始数据进行处理，转化为"十五"格式后，通过以太网送入前兆数据库。其外观如图 4.4.1 所示。

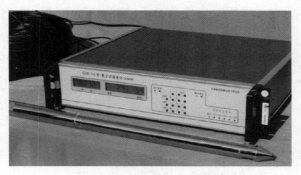

图 4.4.1　SZW-1A 型数字式温度计外观

SZW-1A 型数字式温度计的主机由主板、网络接口板、电源部分、显示板和键盘板（前面板）、后面板等部分组成。

主机内部结构见图 4.4.2，220V 交流电经开关电源转换为 15V 直流电，电源板对 15V 电压进行处理，为外接电瓶提供 13.6V/1.5A 浮充电流，5V 直流输出给主板供电，转换 9V 隔离给传感器供电，1MHz 频率输出给主板采集使用。传感

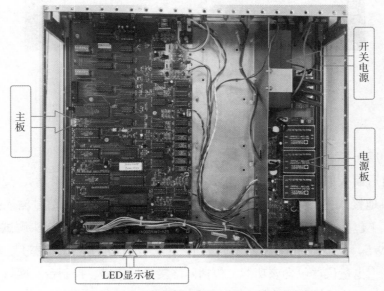

图 4.4.2　SZW-1A 型数字式温度计主机内部结构

器输出信号接入主板，实现数据的采集，主机232接口与协议转换器连接，通过温度转换软件实现数据的采集、存储、格式转换及传输。

（1）前面板

主机前面板见图4.4.3。

①6位LCD字符显示器，显示本机时钟的时、分、秒。

②8位LCD字符显示器，显示通道及当前温度测值。

③键盘（选配），由"停止""1""10""60"4个键、"年""月""日""上""下"5个键、"时""分""秒"3个键、"打印1""打印2""打印3"3个键组成。

④电源、探头信号状态指示灯，分别指示机内5处电源状态：5V、12V、13.6V、9V、15V及探头信号状态。

⑤闸门、CPU状态指示灯，当仪器测量探头信号时"闸门"灯亮（钟面时间1 s亮，11 s熄）；当CPU做处理时"状态"指示灯亮。

⑥通信指示灯，包括"命令"灯和"数据"灯。当有命令从主板串口来到时，"命令"灯亮；主机返回数据时，"数据"灯亮。

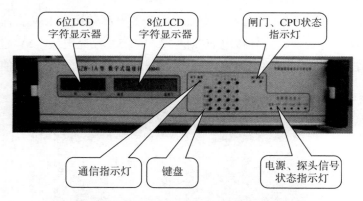

图4.4.3　SZW-1A型数字式温度计前面板实物图

（2）后面板

主机后面板见图4.4.4，由220V交流电源插座（含2A保险丝）、交流电源开关、避雷地接线柱、井口套管接线柱、温度探头插座、备用信号输入插座、主板接口区［包括主板串口（RS232）、打印口、主板复位按键、探头测试拨动开关（拨向"W"，仪器处于观测状态；拨向"T"，仪器处于测试状态）］、网络接口板接口区［少量仪器包含该功能，包括网络接口板串口、控制台、网口（RJ45）、网络接口板复位按键、网络接口板电源开关］组成。

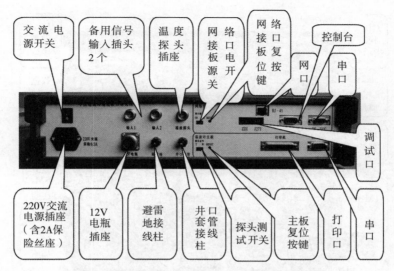

图 4.4.4　SZW-1A 型数字式温度计后面板实物图

（3）主板

SZW-1A 型数字式温度计主板由 Z80CPU、CPU 总线驱动、时钟复位电路、内存储器及译码电路、口译码器电路、显示器接口、打印机接口、打印方式检测口、常数设定及控制口、CTC 计数器、PIO 接口、RS-232C 接口、打印方式控制电路、信号放大器、石英晶体及时基电路、测量控制电路、显示器及键盘电路和有关插座组成。

主板的主要电路设计在一块大印刷电路板上，如图 4.4.5 所示。

主板布局图（一）中的各标注说明如下。

①状态指示灯插座（J10）：主板 CPU 工作状态指示灯插座连接前面板的"状态"LED 灯，该灯亮表示 CPU 忙。

②键盘接口（J1、J3）：将前面板键盘连接到主板上。

③显示器接口（J2）：将前面板两个 LCD 显示器连接到主板上。

④1MHz 信号输入（J11）：将电源板上 1MHz 温度补偿晶体振荡器的输出信号传输给主板，作为主板软件时钟、探头信号测量闸门及看门狗的时基信号。

⑤5V 电源（J9）：主板电源，接电源板的 5V 输出。

⑥看门狗计数器复位（J18）：ON。

看门狗计数器 U16 的输出周期是 64 s，每分钟测量程序都发出一个复位信号给 U16。程序工作正常时，看门狗计数器不会对 CPU 发出复位信号；当程序跑飞时，看门狗计数器发出复位信号，使仪器恢复工作。

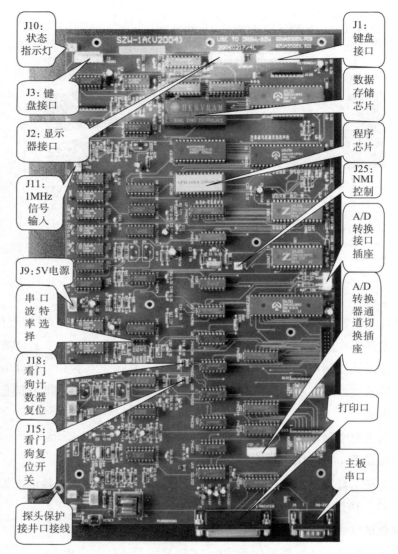

图 4.4.5　SZW-1A 型数字式温度计主机主板布局图（一）

短路块插上时，能使计数器复位，看门狗功能有效；短路块不插时，整机电路不断复位，工作不正常。

⑦看门狗复位开关（J15）：ON 。

短路块插上时，看门狗功能有效；短路块不插时，看门狗功能不起作用。

⑧井口套管接线：该线接后面板的井口套管接线柱，该接线柱接观测井的井口套管，对探头起保护作用。

⑨打印口：标准并行打印口，用于连接打印机，打印观测数据。

⑩主板串口：主板的 RS-232C 通信口。

⑪A/D 转换器通道切换插座：备用，用于扩展多通道 A/D 转换器。

⑫NMI 控制（J25）：OFF。

调试主板专用。

⑬程序芯片：主机工作程序和监控程序芯片。版本更新时，将更换该芯片；同一版本的仪器，因探头参数不同，芯片中的参数部分也不同，一个芯片与一个探头对应，芯片上序列号的后 3 位就是探头号。

⑭数据存储芯片：专门用于存储观测数据，可存储 31 天的分钟值观测数据；该芯片为 NVRAM，内有掉电保护电池，所以仪器掉电后观测数据不会丢失。

如图 4.4.6 所示，对主板布局图（二）中的各标注说明如下。

①仪器号设置（U51）。

地震行业标准《地震前兆观测仪器　第 2 部分：通信与控制》（DB/T 12.2—2003）标准规定，仪器号是在现场总线方式下工作时用于区别总线上不同仪器的号码。本仪器出厂时设置仪器号为 3。

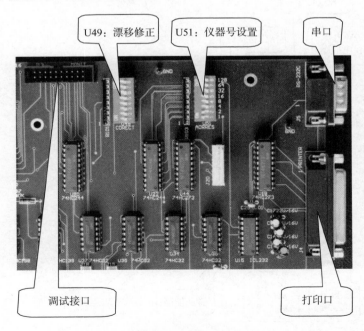

图 4.4.6　SZW-1A 型数字式温度计主机主板布局图（二）

②漂移修正（U49）。

当传感器工作很长时间以后，可能会产生微小的漂移。如果用水三相点瓶检测探头在水三相点处的漂移值，就可以通过设定 DIP 开关 U49 来修正漂移。用水三相点瓶检测探头在水三相点处的漂移值需在计量部门或使用专业设备进行，用户自己不能检测。出厂时该 DIP 开关全部在 OFF 位置。

③调试接口：厂家调试主板时的专用调试接口。

如图 4.4.7 所示，对主板布局图（三）中的各标注说明如下。

① 9V 电源探头供电插座（J12）：这是为探头供电的 9V 电源，这个电源与主机电源是隔离的。

②探头测试拨动开关：将该拨动开关拨到"W"位置，仪器处于观测（测量）状态；将该拨动开关拨到"T"位置，仪器处于测试状态，仪器测量的是 A_0 值。

③闸门指示灯：接前面板"闸门"LED，当仪器测量探头信号时该灯亮（钟面时间 1s 亮，11s 熄）。

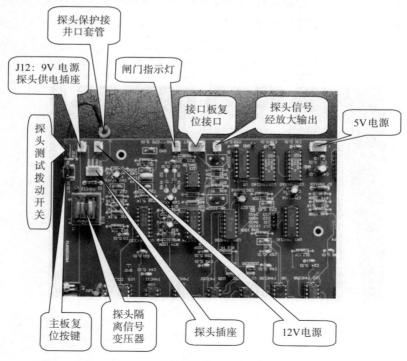

图 4.4.7　SZW-1A 型数字式温度计主机主板布局图（三）

④接口板复位接口：通过该接口，主板每 6h 复位网络接口板一次，也可在网上向网络接口板发送一个"复位主板"的命令，网络接口板通过该接口复位主板。

⑤探头信号经放大输出：输出经放大的探头信号，接到电源板上，用于检测探头信号是否存在，初步判断探头工作是否正常。

⑥主板复位按键：按该键用于主板复位。

⑦探头隔离信号变压器：探头信号经该变压器耦合到主机上，使探头与主机隔离，有利于减少雷害。

⑧探头插座：从后面板温度探头插座引至本插座。

⑨ 12V 电源：由电源板引过来 12V 电源到主板上，该 12V 电源接到串口插座的第 1 脚上，是供"现场总线"工作方式使用的。

（4）电源部分

如图 4.4.8 所示，对电源部分的各标注说明如下。

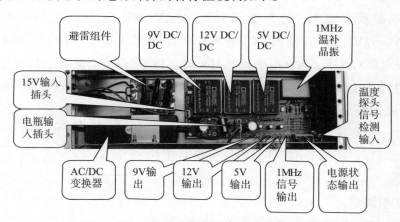

图 4.4.8　SZW-1A 型数字式温度计主机电源部分

①避雷组件：使用三个压敏电阻器件作三角形连接，一个角接相线，一个角接中线，第三个角接交流电源插座的保护地端。要求为仪器供电的 220V 交流电源必须使用三脚插座，且其保护地端要接建筑物地或避雷地，接地电阻小于4Ω。

② AC/DC 变换器：将交流 220V（100 ~ 240V）转换成 15V 直流输出。其输出线上套有滤波磁环。

③ 15V 输入插头：将 AC/DC 变换器的 15V 输出插头插入此处。

④电瓶输入插头：将后面板上的"12V 电瓶插座"插头插入此处。

⑤9V DC/DC 变换器：输出隔离的 9V 电源，为温度探头供电。

⑥12V DC/DC 变换器：输出 12V 电源，为主板供电，也为扩展 A/D 转换器供电。

⑦5V DC/DC 变换器：输出 5V 电源，为主板供电，也为网络接口板供电。

⑧1MHz 温补晶振：1MHz 温度补偿晶体振荡器。

⑨9V 输出：此输出线接主板的 9V 电源探头供电插座。

⑩12V 输出：此输出线接主板的 12V 电源插座。

⑪5V 输出：有 2 条输出线，一条接主板 5V 插头（J4 脚），另一条接网络扩展板的 5V 插座。

⑫1MHz 信号输出：1MHz 温度补偿晶体振荡器的输出信号，接到主板上，作为主板软件时钟、探头信号测量闸门及看门狗的时基信号。

⑬电源状态输出：分别输出 15V、13.6V、9V、12V、5V 的状态。其中 15V、9V、12V、5V 只输出"1（有，灯亮）"或"0（无，灯熄）"两种状态；13.6V 是电瓶的电压，当该电压高于 11V 时，13.6V 灯亮，低于 11V 时灯熄，当电瓶电压低于 10V 时，会自动切断整机的供电，避免电瓶发生过放电损坏。

⑭温度探头信号检测输入：探头正常工作时，输出一个幅度稳定的频率信号，前面板绿色信号指示灯亮；探头工作不正常时，该指示灯不亮或闪烁。

（5）引脚定义

①探头插座引脚定义（图 4.4.9）。

②主板 RS-232C（J5）引脚（表 4.4.1）。

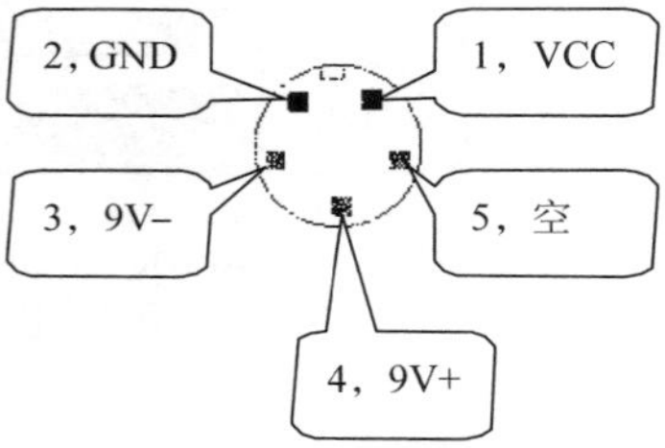

图 4.4.9　探头插座引脚正面示意图

表 4.4.1　主板 RS-232C（J5）引脚

引脚	1	2	3	5
定义	+12V	RXD	TXD	GND

注：1 脚的 12V 电压在现场总线方式下使用，如果拔下 J7，则 1 脚悬空。

③主板打印口（J4）引脚（表 4.4.2）。

表 4.4.2　主板打印口（J4）引脚

引脚	1	2	3	4	5	6	7	8	9	11	19、20、21、22
定义	-STROBE	D0	D1	D2	D3	D4	D5	D6	D7	BUZY	GND

4.5　电路原理及其图件

4.5.1　电路原理框图

（1）石英晶体测温原理框图

测温原理是：以石英晶体片为测温元件，将温度变化的模拟量转化为频率的数字量，再将此频率信号进行转换，显示其温度值，如图 4.5.1 所示。

图 4.5.1　石英晶体测温原理框图

（2）主板原理框图

主板原理框图如图 4.5.2 所示。

（3）SZW-1A 型数字式温度计电路原理框图

SZW-1A 型数字式温度计的电路模块主要包括四个部分，分别为交、直流电源电路，水温传感器电路，数据采集及串口通信电路，网络接口及数据存储电路。交、直流电源电路外接交流电并将其转换成直流，负责整个观测系统的供电；水温传感器电路主要包括石英晶体和信号转换电路；数据采集及串口通信电路主要由单片机 Z80、总线驱动电路、时钟复位电路、内存储器及译码电路、信号放大电路、石英晶体及时基电路、测量控制电路、显示及键盘电路、前后面板及相关插座组成；

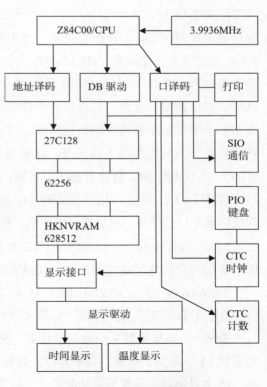

图 4.5.2　主板原理框图

网络接口模块主要由一块 PC104 工控机承担，通过 RJ45 网络接口与外部进行数据交换。其电路原理框图见图 4.5.3。

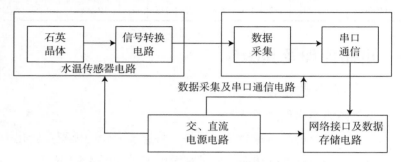

图 4.5.3　SZW-1A 型数字式温度计电路原理框图

4.5.2　电路原理图

（1）主机原理图（图 4.5.4）

主机使用 CMOS 系列 Z80CPU（U1）控制整机工作，16K*8 EPROM 27C128（U2）、32K*8 SRAM 62C256（U3）及 512K*8 NVRAM HK1255（U4）通过总线驱动器 U7（74HC245）挂在总线上。EPROM 固化有主机工作程序、探头参数等，RAM 主要用来存储数据。HK1255 有一个自带锂电源和控制电路，经常监视 Vcc 是否超过容许条件。当超过容许条件时，锂电源自动接通，写保护无条件启动，以保护混淆数据。此外，其能够无条件地写存储器的保护块，所以无意中做的写操作不会干扰程序和特殊的数据空间。可用的写循环数量不受限制，因此在微处理器界面不需要附加的支持环节。该非易失性的静态 RAM 能够直接用来替代现有的 512K*8 SRAM，符合普通字节宽度的 32-pin DIP 标准。

SZW-1A 的全部接口均挂在 Z80CPU 总线上。U18（74HC244）、U19（74HC273）构成标准并行打印口，可以连接打印机，打印机型号是国产 PP40 型。

SZW-1A 型 U13（Z80ASIO0）、U15（ICL232）组成标准 RS-232C 串行通信口，用以实现与微机通信或与前兆数字化设备配合实现遥测组网。

SZW-1A 使用一片 Z80APIO（U14）做键盘接口，和 PIO 相接的键有"年""月""日""时""分""秒""打印 1""打印 2""打印 3""上""下"。

SZW-1A 型显示器采用液晶显示器。驱动电路由前面板上的 U1 ～ U14 组成，共驱动 14 位液晶显示器，其中 6 位为时钟，另 8 位为通道 / 温度显示。前面板上的 U15 为显示器显示数据驱动电路，主板上的 U17（74HC273）为显示接口电路。

SZW-1A 使用了两片 Z80CTC（U11、U12），其中一个通道做软件钟定时器，一个通道系统占用，一个通道做 SIO 时钟，两个通道为计数器（探头输出的频率分两路在这里计数)，一个通道为通信占用。

SZW-1A 设有一个控制输出口 U44（74HC273），实现对外控制。

时基和 1MHz 温补石英晶振则产生系统所需的各种标准频率信号。电路由 U24（74HC160）、U25、U26、U27、U28 组成。U16（4020）、U52（4073）为延时电路，与软件结合，构成本机看门狗。

测量控制电路提供 10s 的标准闸门时间。

系统在 CPU 控制下，实现软件钟计时、定时的测量控制，频率 - 温度关系换算，控制打印和通信等。这些都是在软件控制下完成动作的。

石英晶体温度传感器供电与主机供电为隔离供电，传感器供电的地线端建议接在井口套管上。振荡交流信号经 T1 隔离变压器，阻容滤波，U23（IN128 仪表放大器）对信号进行放大，放大后信号进入闸门信号生成与控制电路。

（2）电源板原理图

电源板原理图见图 4.5.5。

4.6　仪器安装与调试

SZW-1A 型数字式温度计的安装与调试过程应按照《地震地下流体观测方法井水和泉水温度观测》（DB/T 49—2012）规范操作。仪器安装前，应检查生产厂商给出的测试报告，包含分辨力、最大允许误差、短期漂移（稳定度）和传感器耐压等指标的测试结果。对仪器各组件进行连接检查与核实，并通电测试。检查观测井，包括测量观测井深度，检查传感器放置深度位置以上有无卡物，井水面有无漂浮物等。检查避雷设施等观测环境及保障条件。

（1）现场安装方法

①主机安装。

主机应安装在台站的标准机柜内，机柜应与台站地网等电位连接，仪器在机柜内的走线应遵循强弱电分离的原则。

②传感器放置水下深度的确定。

安装温度传感器时，应进行井水温度的梯度测量。梯度测量从水面开始至井底，在不同深度处进行等间距测量。在传感器拟放置位置附近应加密测量，加密测量段长度宜不小于 2 个全程测量点位间的距离。不同深度观测井的水温测量要求见表 4.6.1。

表 4.6.1　不同深度观测井的水温测量要求

井深	全程测量		加密测量		备注
H/m	测量点间距 $\Delta D/m$	测量时间 t/min	测量点间距 $\Delta d/m$	测量时间 t/min	
< 200	10		2		全程测量时，距井底深度小于规定的测量间距时，应在井底设置一个测点
200 ~ 500	20	≥ 30	4	≥ 60	
500 ~ 1000	30		6		
> 1000	40		8		

根据观测井中水温随井深的变化测量结果，绘制井深–水温分布曲线图，如图 4.6.1 所示。

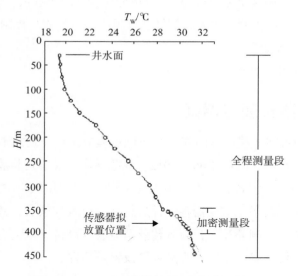

图 4.6.1　SZW-1A 型数字式温度计水温梯度

计算井水温测量数据的差分值，差分值越大，表明水温梯度变化越大。正差分值表明随着井孔深度的增加水温升高，负差分值表明随着井孔深度的增加水温降低。

为分析井孔水温背景噪声，在井孔中拟放置传感器的位置，即加密测量段的各观测点上，进行 30min 连续观测，计算该时间段中观测数据差分绝对值的平均值，进行评价分析。计算公式如下：

$$\Delta \overline{X} = \frac{\sum\limits_{i=1}^{n-1}\left|X_{i+1}-X_{i}\right|}{n-1}$$

为分析井孔水温观测的固体潮效应，在井孔中放置传感器，分钟采样、连续测量时间不小于 24h，绘制观测曲线。如果曲线呈现明显的日周期、半日周期波形变化特征，可初步判定该层位水温有固体潮效应。水温理论固体与观测潮汐曲线示意图如图 4.6.2 所示。

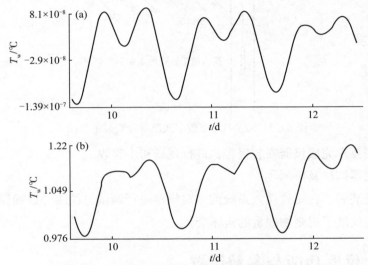

图 4.6.2　水温理论固体与观测潮汐曲线示意图
（a）水温理论固体潮汐曲线；（b）水温观测潮汐曲线

通过上述测试，我们可以确定井水温度传感器的位置宜选择为：

（a）水温梯度变化大的区段；

（b）水温背景噪声小的区段；

（c）水温潮汐效应明显的区段。

泉水温度传感器宜安装在泉水出露处的水面底部。

③传感器的安装及固定。

温度传感器的安装深度确认后，应通过地面的固定装置固定（通常为"滑轮+防静电胶带"的方式），传感器连接器经机柜引入与主机连接，如图 4.6.3 所示。

④检查仪器工作状态。

检查及修改 IP 地址、台站代码、时钟、经纬度及高程等基本参数，通过"中国地震前兆台网数据管理系统"添加配置该仪器，确保网络连通及数据入库。

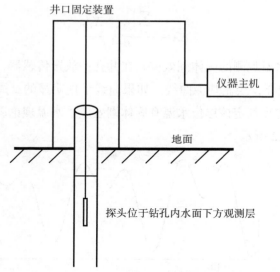

图 4.6.3　SZW-1A 型数字式温度计安装示意图

最后按要求完成仪器安装报告，进行现场初步验收。

（2）仪器调试及检测

仪器安装后，在正式接入系统前应对仪器进行调试与检测，以确保仪器记录的数据真实反映了观测物理量的实际变化。

4.7　仪器功能与参数设置

4.7.1　仪器面板参数设置

键盘上的"时""分""秒""年""月""日""上""下"键用于人工设定时间和日期。

（1）设定时间

按"时"键，时间显示器上的小时值增加；按"分"键，时间显示器上的分值增加；按"秒"键，时间显示器上的分值、秒值清零。

（2）设定日期

键盘上的"年""月""日""上""下"键用于人工设定日期。

按"年"键 1 次，温度显示器切换显示"年"："5 2003"。其中"5"表示第 5 通道用于显示机内日历的"年"，"2003"是开机时的默认值。这时按"上"键 1 次，显示的"年"减 1；按"下"键 1 次，显示的"年"加 1，直到显示实际年份。这时按"年"键 1 次，温度显示器恢复显示温度。

按"月"键 1 次, 温度显示器切换显示"月":"6 12"。其中"6"表示第 6 通道用于显示机内日历的"月","12"是开机时的默认值。这时按"上"键 1 次, 显示的"月"减 1; 按"下"键 1 次, 显示的"月"加 1, 直到显示实际月份。这时按"月"键 1 次, 温度显示器恢复显示温度。

按"日"键 1 次, 温度显示器切换显示"日":"7 13"。其中"7"表示第 7 通道用于显示机内日历的"日","13"是开机时的默认值。这时按"上"键 1 次, 显示的"日"减 1; 按"下"键 1 次, 显示的"日"加 1, 直到显示实际日期。这时按"日"键 1 次, 温度显示器恢复显示温度。

（3）设定实时打印时间间隔

键盘中的"停止""1""10""60"键用于设定实时打印时间间隔。

按"停止"键: 仪器停止实时打印, 不安装打印机时一定要按"停止"键数次。

按"1"键: 仪器每分钟打印 1 次。

按"10"键, 仪器每 10 分钟打印 1 次。

按"60"键, 仪器每小时打印 1 次。

4.7.2 WEB 网页参数设置

（1）仪器主页

SZW-1A 型数字式温度计网页由"仪器主页""仪器状态""仪器控制""设置工作参数""用户管理""数据下载"等页面组成。

（2）仪器状态

单击"仪器状态", 显示仪器当前时钟、当前数据等信息。

（3）仪器控制（图 4.7.1）

单击"仪器控制", 选择"仪器重新启动", 输入密码, 单击"执行"后, 仪器网络接口板重启, 但主机（主板）不会重启。选择"设备属性信息"并执行后, 可以查看相应的状态信息。

（4）设置工作参数（图 4.7.2）

在"设置工作参数"页面中, 可以设置仪器各类参数。

（5）数据下载（图 4.7.3）

通过"数据下载"页面, 用户可以下载 15 天内的"十五"规程格式数据文件和主机运行日志文件。

SZW-1A V2004数字式温度计

仪器主页　仪器状态　仪器控制　设置工作参数　用户管理　数据下载　仪器图片

仪 器 控 制

○仪器重新启动

◉ 设备属性信息

密码：▭

执 行　　　**取 消**

图 4.7.1　"仪器控制"页面

SZW-1A V2004数字式温度计

仪器主页　仪器状态　仪器控制　设置工作参数　用户管理　数据下载　仪器图片

IP 地 址:010.032.040.066　子 网 掩码:255.255.255.000　缺省网 关:010.032.040.254

管理端地址: 192.168.1.1　管理端端口号: 84　　　　　　　时间服务器地址:
10.32.156.121

密码:▭　**提交**　**重置**

台站代码: 32018　测项代码: 4312　测点经度:120.95　测点纬度: 31.38　测点高程:3.5

密码:▭

提交　　**重置**

序列号: 20060549　ID号 431320060549　密码:▭　**提交**　**重置**

时间校准
密码:▭　**用本机时间校对仪器时间**

图 4.7.2　"设置工作参数"页面

4.7.3　FTP 文件传输

网络通信单元具有 FTP 功能，用户可以通过 FTP 查看、下载数据，远程更新软件（将更新软件上传到"update"文件夹），如图 4.7.4 所示。

4.7.4　数据存储与读取

（1）"canshu"文件夹

存储所有的参数，如 IP 地址、ID 号及序列号等等。

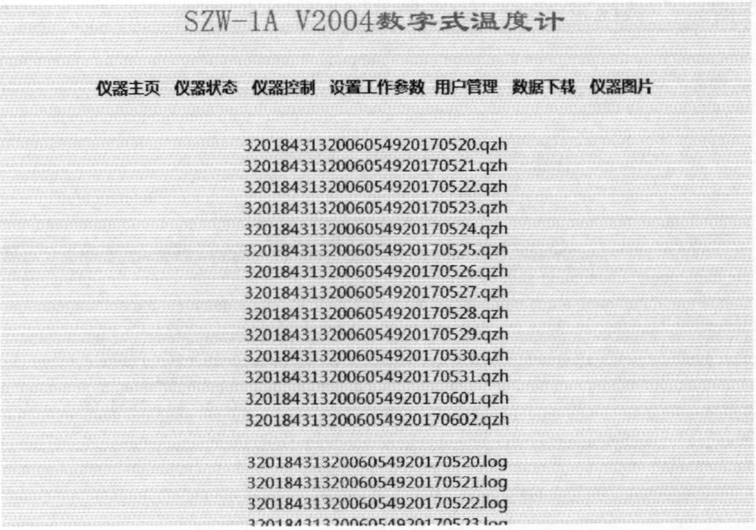

图 4.7.3　"数据下载"页面

图 4.7.4　FTP 文件传输功能

（2）"com"文件夹

存储从串口收回的数据（文件名为"日期 .qzh"）、串口收数程序（REVDATA.EXE）及串口号文件"com.txt"。

数据文件"日期 .qzh"文件存储格式：无文件头；温度数据；单位℃。对于分钟值文件，一共有 1440 个数据，缺数以"99999"代替。

（3）"net"文件夹

存储"十五"数据及网页显示数据、通信接口各项程序、网页文件。

"net"文件夹下数据文件名为：台站代码 + 仪器 ID + 日期 .qzh。存储格式如图 4.7.5 所示。具体见 3.7.4 小节中的"十五"规程格式的数据文件（物理量文件）。

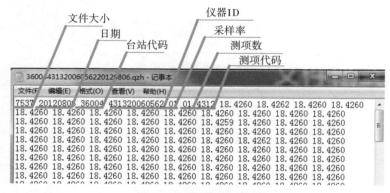

图 4.7.5 "十五"数据存储格式

4.8 常见故障及排除方法

根据全国地下流体台网中 SZW-1A 型数字式温度计的运行情况，汇集仪器故障相关记录，结合研发专家提供的资料，综合梳理出 SZW-1A 型数字式温度计故障甄别、排查信息表（表 4.8.1），列出了故障现象、故障可能原因、排除方法等信息。此外，筛选出部分有代表性的故障维修实例，见 4.9 节。

表 4.8.1 SZW-1A 型数字式温度计故障甄别、排查信息表

序号	故障单元	故障现象	故障可能原因	排除方法
1		缺数，面板显示器无显示，前面板右下角指示灯全灭，不能正常收数及登录仪器	主机供电部分故障	更换主机电源适配器
2	供电	可正常登录，但数据为空值，主机面板 5V 状态灯灭	电源板件故障	在电源板上找到 5V DC/DC 模块，更换同型号模块
3		不能正常收数，网络时通时不通，重启网络接口后，主机面板显示时间为 2004 年	纽扣电池故障	更换纽扣电池，设置时间参数
4	主机	测值为空值，网络连接正常，面板右下角指示灯中信号灯灭	主板故障	检查维修主板

序号	故障单元	故障现象	故障可能原因	排除方法
5	主机	仪器主机工作正常，网页可正常登录，但是不能收取数据	COM1 口通信故障	将串口线从后面板的 COM1 转接到 COM2，用 FTP 登录，找到"com.txt"文件，选中后单击右键，选择"编辑"，将文本内容中的"COM1"改为"COM2"
6		采集数据为空值，状态灯长亮，时钟停止	主板 Z80 系列芯片故障或主程序芯片故障	更换同型号芯片
7	传感器	测值为空值，网络连接正常，面板右下角指示灯中信号灯灭	探头故障	更换探头

4.9　故障维修实例

4.9.1　电源板故障导致缺数

（1）故障现象

可正常登录，但数据为空值，主机面板 5V 电源状态指示灯灭。

（2）故障分析

由故障现象 5V 电源状态指示灯灭且显示器无显示等，可确定故障原因可能为电源板件故障。

（3）维修方法及过程

打开主机上盖板，用万用表测量电源板 5V、9V、12V 接头处电压值，发现 5V 接头处无电压输出，测量电源板 15V 输入正常，在电源板上找到 12V/5V DC/DC 模块。同样，若其他电源指示灯不亮，根据下列原理图（图 4.9.1 ~ 图 4.9.5）进行相关检查。

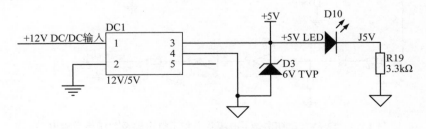

图 4.9.1　5V 电源状态指示灯电路

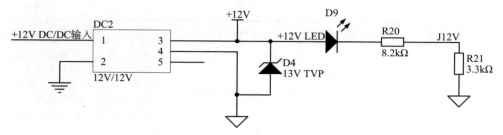

图 4.9.2　12V 电源状态指示灯电路

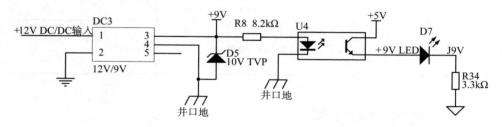

图 4.9.3　9V 传感器电源状态指示灯电路

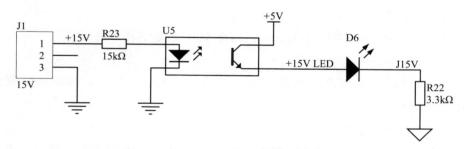

图 4.9.4　15V（AC/DC）电源状态指示灯电路

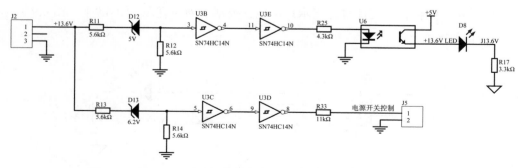

图 4.9.5　13.6V（电瓶电源）电源状态指示灯电路及欠压信号输出

4.9.2 交流电源模块故障导致仪器无法启动

（1）故障现象

昌图三道台 SZW-1A 型数字式温度计直流供电时仪器工作正常，采用交流供电时仪器无法启动。

（2）故障分析

交流供电输入正常，保险丝及直流 15V 电源模块均正常，可能是电源板一片 IRF9520 损坏，见图 4.9.6。

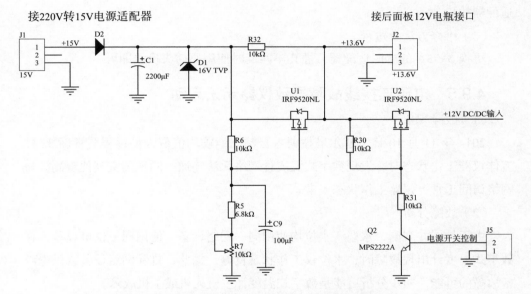

图 4.9.6　电源板电瓶充放电电路及电瓶欠压保护电路

（3）维修方法及过程

更换 IRF9520 模块，故障排除。

4.9.3 直流电源模块故障导致仪器无法启动

（1）故障现象

阜新台 SZW-1A 型数字式温度计液晶屏无显示。

（2）故障分析

交流供电输入正常，电瓶电压低于 11V。因交流供电系统的 15V 直流电源模块损坏，仪器自动转为电瓶供电，当电瓶电压过低时仪器停止工作。

（3）维修方法及过程

更换 15V 直流电源模块。

4.9.4　适配器故障导致网络连接失败

（1）故障现象

网络不通，主机面板显示正常，网络通信接口、5V 电源适配器指示灯灭。

（2）故障分析

检查 5V 电源适配器插头处，交流供电正常，且插头稳固，基本可确定为该适配器故障。

（3）维修方法及过程

更换 5V/3A 的电源适配器。插孔不匹配时使用原插头换线即可。

4.9.5　电源连接线故障导致仪器无法启动

（1）故障现象

2014 年 11 月 10 日，博尔塔拉蒙古自治州地震局值班人员远程监视新 32 井流体仪器工作状态时，发现数字式温度计网络无法连通，同观测室其他观测设备网络访问正常，仪器工作状态正常。

（2）故障分析

由于是同井观测，水温、水位均使用同一网络设备，使用同一供电设备，在数字式温度计出现故障时，水位仪工作状态良好，据此，排除网络设备或供电设备故障的可能，初步分析可能是数字式温度计主机死机或主机故障。

（3）维修方法及过程

①进行现场检查，看到主机电源状态指示灯熄灭，主机已停止工作。现场确认电源线连接好、UPS 电源工作正常，主机电源保险丝正常，初步确认主机内部故障造成主机停机。

②开机检查。将主机从机柜中取出，放置在工作桌面上。打开机盖，正常通电，目测检查机箱内各电路模块通电情况，发现供电模块上的指示灯亮，但 A/D 转换、工控机模块及晶体管屏幕未正常通电，初步确认故障发生在电源上。

③将主机物理性断电，拆卸电源板，检查板上各电子器件外形及板后线路铺设状态，未发现明显异常。使用万用表检测板后电路连通性，发现板后两电子器

件引脚间线路断路，细致查看，发现有裂痕。在板后将两电子器件引脚直接焊接，临时接通电路，恢复了对主机其他模块的正常供电。恢复正常供电后，检查电源对 A/D 模块及 PC 工控机供电电压，稳定在正常工作电压附近。

④主机设置及参数恢复：主机正常通电后，使用笔记本通过网络检查设置主机各项参数，恢复数据观测。经比较，故障前后数据衔接正常，变化趋势正常。

4.9.6　传感器故障导致缺数

（1）故障现象

测值为空值，网络连接正常，面板右下角指示灯中信号灯灭。

（2）故障分析

主板故障或探头故障导致数据缺数。

（3）维修方法及过程

面板右下角指示灯中信号灯灭说明探头信号不正常，检查主板上探头供电及放大电路，参见图 4.9.7、图 4.9.8，未发现明显异常，初步怀疑探头故障。将原探头电缆插头取出，接上新探头，发现信号灯亮，显示器显示测值正常，确定为探头故障。

更换探头，将新探头下放至原探头下放深度，恢复正常工作。

4.9.7　主机电源故障导致无法开机

（1）故障现象

缺数，面板显示器无显示，前面板右下角指示灯全灭，不能正常收数及登录仪器。

（2）故障分析

主机供电部分故障。

（3）维修方法及过程

检查插线板处交流供电正常，打开主机上盖板，检查机箱内电源适配器输入端，有 220V 交流电，测量输出端，无 15V 直流电，且该适配器指示灯不亮，确定为电源适配器故障。更换主机电源适配器后恢复正常工作。

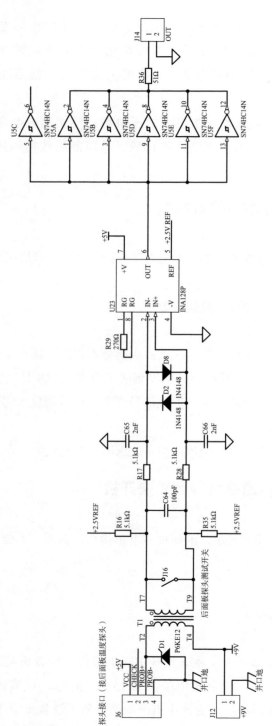

图 4.9.7　主板信号放大电路

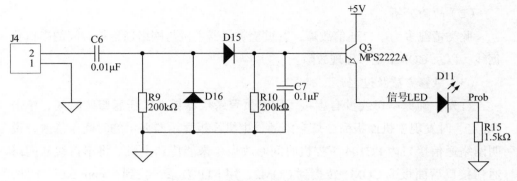

图 4.9.8　电源板信号指示灯电路

4.9.8　防雷组件故障导致仪器无法启动

（1）故障现象

岫岩 1 井 SZW-1A 型数字式温度计遭雷击，仪器无任何显示。

（2）故障分析

雷击仪器故障较为复杂，通常从防雷和电源部分开始检查，检查发现交流插座内保险丝断，防雷组件一路损坏短路。

（3）维修方法及过程

更换保险丝及防雷组件中损坏的压敏电阻。

4.9.9　主板 Z80 PIO 芯片故障导致死机

（1）故障现象

采集数据为空值，状态灯长亮，时钟停止。

（2）故障分析

主板 Z80 系列芯片故障或主程序芯片故障等。

（3）维修方法及过程

断电，打开主机箱上盖板，在主板左侧分别有 5 个 Z80 芯片。该现象一般为 Z80 PIO 芯片故障，更换同型号芯片后开机，可正常工作。若更换后仍存在问题，再逐一更换其他芯片。

4.9.10　工控机端口故障导致缺数

（1）故障现象

仪器主机工作正常，网页可正常登录，但是不能收取数据。

（2）故障分析

此类情况多为串口通信故障，着重检查仪器主机与网络通信接口间的串口数据线，以及 COM1 是否出现故障。

（3）维修方法及过程

首先，确保串口线没有虚接，用网页登录仪器界面，任意修改时间，单击"确定"时发现主机面板命令灯未闪动，主机面板显示器显示的时间未修改，说明网络通信接口内 PC104 工控机时间修改命令未能传到主机。将串口线从网络通信接口后面板的 COM1 转接到 COM2，用 FTP 登录，找到"com.txt"文件，选中后单击右键，选择"编辑"，将文本内容中的"COM1"改为"COM2"，再次修改时间，主机面板命令灯闪动，主机面板时间可随之修改。

将时间调整正常，重新启动网络通信接口，数据采集程序会主动向主机采集前 15 天数据，并转换为"十五"格式。此时仪器工作正常，之前缺失数据通过数据管理系统重新收取入库。

若更换 COM 口仍未能恢复正常，可能是 PC104 故障或主板故障，一般情况下，主板上靠近后面板处的 HIN232 芯片故障的概率比较大，更换后检查是否恢复正常。

4.9.11　CF 卡故障导致网络无法连接

（1）故障现象

网络连不通，同一交换机下的其他仪器网络连接正常，更换网线后不能恢复正常，仪器面板上的电源指示灯显示正常，在主机后面板上接入显示器，显示黑屏。

（2）故障分析

网络板件故障或系统崩溃导致工控机没有正常工作。

（3）维修方法及过程

面板上的电源指示灯亮说明供电正常，连接显示屏未显示，且网络不通，说明网络板件供电不正常或故障。经检查，网络板件供电正常，将 CF 卡取下，用读卡器检查时发现不能正常读取数据，更换新的 CF 卡后面板显示正常，重新设置参数，或用"usboot.exe"恢复 CF 卡。CF 卡修复后工作正常。

4.9.12　数据采集软件故障导致缺数

（1）故障现象

缺数，可正常登录，仪器面板显示正常。

（2）故障分析

系统运行出错或采集软件运行出错。

（3）维修方法及过程

使用 VNC 远程登录 PC104 工控机系统，发现只有两个程序最小化运行，正常时应为"dichen""串口采数程序""server""WEB Server"四个程序最小化运行。用 FTP 登录，上传"dichen.exe""revData.exe""server.exe""setip.exe""websvr.exe"文件至"update"文件夹下，上传"t_param.htm"到"net"文件夹下，覆盖原来的文件。远程重新启动，检查程序运行正常。程序正常运行后，可补收前 15 天的数据，查看数据正常，仪器恢复正常工作。

软件运行部分故障可通过重新上传相应的可执行文件恢复，若不能恢复，需诊断是否是串口问题。对于主板上 232 芯片的问题，需要更换 CF 卡或重写 CF 卡等。

4.9.13　工控机纽扣电池故障导致时间显示错误

（1）故障现象

不能正常收数，面板显示时间为 2004 年。

（2）故障分析

PC104 工控机纽扣电池故障，外电路断电后不能保持 PC104 工控机的时钟，通电后从默认的 2003 年 12 月 31 日 23 时 59 分开始计时。因与系统时间不一致，故不能正常收数。

（3）维修方法及过程

更换纽扣电池，网页登录，修改时间。在网页上远程重新启动后，仪器恢复正常。

4.9.14　文件转换故障导致缺数

（1）故障现象

辽阳台 SZW-1A 型数字式温度计网络正常，数据采集结果为"空"。

（2）故障分析

查看发现"十五"文件夹内没有相应的数据文件，"九五"文件夹内数据文件正常。

（3）维修方法及过程

将"十五"文件夹内的相关数据文件删除，重启网络接口单元。

4.9.15　CF 卡程序故障导致仪器缺数

（1）故障现象

2016 年 4 月 8 日，邛崃 SZW-1A 型数字式温度计能远程连通，而且有日志文件，但是没有数据文件。

（2）故障分析

CF 卡程序故障。

（3）维修方法及过程

疑似串口的问题，逐一检查了协转、仪器和串口线，都没发现问题。更换 CF 卡，重新设置参数，仪器重启后恢复正常工作。

4.9.16　信号线锈蚀导致缺数

（1）故障现象

网络正常，没有温度数据输出；现场仪器探头指示灯未亮。

（2）故障分析

疑似探头问题。

（3）维修方法及过程

打开温度探头的连接线头内部，发现很潮湿，很多地方已经生锈；刮掉锈蚀部分并用酒精擦拭干净，再用烙铁将其焊接上，测试 SZW-1A 型数字式温度计工作正常。

5 SZW-Ⅱ型数字式温度计

5.1 简介

SZW-Ⅱ型数字式温度计由中国地震局地壳应力研究所研制和生产，继承了SZW-1A型数字式温度计传感器的特点，进行了技术升级，网络接口板采用了32位ARM920T高速处理器内核、固化WinCE操作系统，接口板外嵌触摸式显示屏，以方便仪器设置、维护、故障排查。

5.2 主要技术参数

（1）分辨力：优于0.0001℃。

（2）短期稳定性：0.0001℃/日。

（3）长期稳定性：0.01℃/年。

（4）最大允许误差：±0.05℃。

（5）动态范围：0～100℃。

（6）显示：实时曲线显示，7英寸触摸屏。

5.3 测量原理

SZW-Ⅱ型数字式温度计采用石英晶体测温探头，石英晶体测温传感器的测量原理与SZW-1A型数字式温度计相似，详见4.3节。

5.4 仪器构成

SZW-Ⅱ型数字式温度计由主机、探头及电缆组成，外观如图5.4.1所示。为了实现长期连续工作，其需另配免维护可充电电瓶。

（1）前面板

前面板见图5.4.2，指示灯为主板工作状态指示灯与ARM板（网络接口板）工作状态指示灯。其中，横向排序的为主板工作状态指示灯：探头接入灯，探

图 5.4.1　SZW-Ⅱ型数字式温度计外观图

头信号灯，闸门灯，启动灯，以及 5V、12V、13.6V、9V、15V 五个电源指示灯；竖向排序的为 ARM 板（网络接口板）工作状态指示灯：COM1 工作状态灯、COM2 工作状态灯、操作系统工作状态灯、电源指示灯。

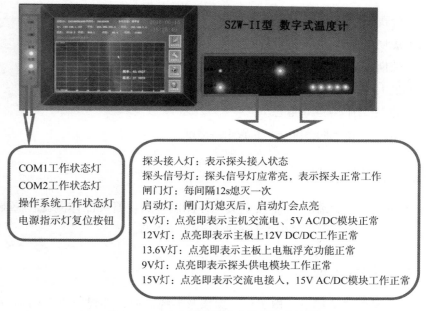

图 5.4.2　SZW-Ⅱ型数字式温度计前面板

正常情况下，显示屏竖排灯上的系统灯会以 1Hz 的频率闪烁，并且 COM1（或者 COM2）工作状态灯会快于 1Hz 的频率闪烁，这说明 ARM 板上的操作系统工作正常，通过串口返回的数据也正常（注：水位数据、气压数据都通过串口返回）。显示屏会显示水温、水位的实时曲线和实时数据（考虑一般性，暂不显示气压数据，气压数据可直接通过收取最后 5min 数据进行查看）。仪器的一些基本信息也会在屏幕上进行显示，如 IP 地址信息、位置信息、时间信息等。

（2）后面板

后面板见图 5.4.3，配置 220V 交流电源插座及电源开关（注：该开关只是交流电源开关，仪器没有直流电源开关，如需给仪器断电，必须置交流电源开关于关闭状态，且将直流电瓶接头拔下），交流电源保险丝（5A，位于交流电源插座里），12V 电瓶插口，避雷地接线柱，井口套管接线柱，RJ45 接口，USB 接口，可扩展的气压、水位接口，温度传感器接口。

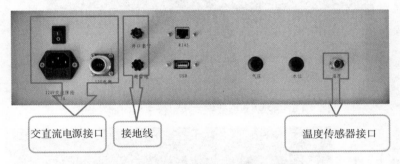

图 5.4.3　SZW-Ⅱ型数字式温度计后面板

（3）主机内部结构

SZW-Ⅱ型数字式温度计的主机由温度传感器转换板、显示板、网络板、电源部分、避雷组件、前面板、后面板等部分构成，见图 5.4.4。

（4）温度采集部分

温度采集部分见图 5.4.5，主要分为传感器供电与信号返回、信号放大与整形电路。其传感器控制电路有一备用电路，一旦某路被雷击，可启用备用电路。闸门产生与控制信号 1MHz 基准来自电源板。信号经过放大与整形后，直接输入频率计数器（频率计数器包含在显示屏的 ARM 板中，该板可扩展最多 6 个频率计数通道，可通过软件进行通道切换）；采集完成后数据直接写入数据文件。

（5）电源部分

如图 5.4.6 所示，仪器的交流电源、交流电源开关和保险丝在仪器后面板上。交流电源的电压范围为 100 ~ 240V。仪器的直流电源使用 12V 可充电免维护电瓶。直流电源没有开关控制，只要连接电瓶的电缆上的航空插头插入后面板上的 12V 航空插座，仪器便开始工作。

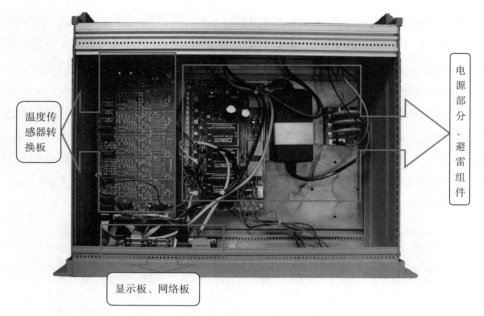

图 5.4.4　SZW-Ⅱ型数字式水温仪主机内部结构图

图 5.4.5　SZW-Ⅱ型数字式温度计水温传感器信号控制与闸门生成电路

　　交流供电时，仪器的电瓶处于浮充电状态；交流停电时，自动切换为直流供电。电瓶单独供电时间不短于 3 天（100Ah）。主电源采用 3 个 DC/DC 隔离供电，其中 5V 输出为主板、网络板供电，12V 为晶振、A/D 转换器供电。A/D 转换板采用 2 个 DC/DC 隔离供电。温度传感器使用 1 个 DC/DC 隔离供电。

　　本机使用 3 个压敏电阻器件作三角形连接，一个角接相线，一个角接中线，第三个角接交流电源插座的保护地端，将交流 220V（100 ～ 240V）转换成 15V

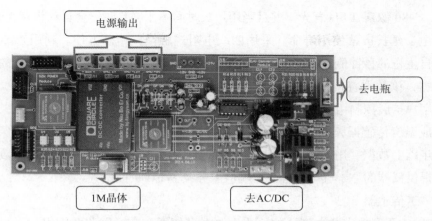

图 5.4.6　SZW-Ⅱ型数字式温度计主机电源模块

直流输出，其输出线上套有滤波磁环。1MHz 温度补偿晶体振荡器的输出作为软件时钟、信号测量闸门及看门狗的时基信号。

（6）网络接口部分（兼仪器显示屏）

如图 5.4.7 所示，显示板（兼网络板）采用基于 WinCE 操作系统下的控制平台，它拥有 32 位 ARM920T 高速处理器内核，400MHz 主频；系统内存为 SDRAM 64MB、NAND FLASH 128MB。由于操作系统已经进行固化，故不会存在系统文件被破坏的风险。7 英寸高清晰真彩数字屏（16：9），输出分辨率 800

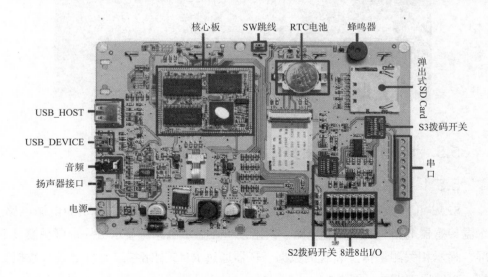

图 5.4.7　SZW-Ⅱ型数字式温度计网络接口

像素 ×480 像素，LED 背光。并且当用户长时间不用屏幕时，会自动将背光调暗，以节电、延长屏幕使用寿命。采用四线电阻式触摸，精确方便。利用 COM1 接收来自主机的秒钟值数据，进行实时动态曲线显示；COM2 用来接收主机的分钟值数据，该数据直接接入中国地震前兆数据管理系统。8 进 8 出 I/O（5V）可以作为用户扩展控制用，全部加了 TVS 的防静电保护。6 通道频率计数功能，可系统完成温度传感器频率的采集、转换、存储等工作。CF 卡容量 1GB，可保证存储 1 年以上数据。用户可以用 CF 卡存储软件或多媒体文件，也可以用于数据保存。提供仪器的"十五"规程命令响应服务及 WEB 页面服务。

（7）传感器

SZW-Ⅱ型数字式温度计的探头由测温谐振器和变换电路共同组成，封装在一个外径 20mm，长约 300mm 的紫铜管内。探头电缆由一芯一屏蔽构成，即负责由主机向探头内的变换电路供电，又将探头的信号送回主机。探头具有良好的密封特性，可长期在 600m 深水中可靠工作。温度传感器外形见图 5.4.8。

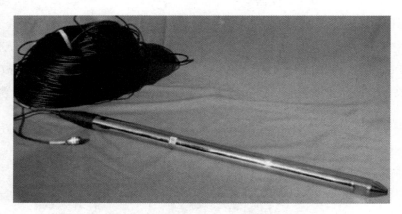

图 5.4.8　SZW-Ⅱ型数字式温度计温度传感器实物图

5.5　电路原理及图件

5.5.1　电路原理框图

SZW-Ⅱ型数字式温度计的电路模块主要包括四个部分，分别为电源电路、水温传感器电路、测量控制电路、网络接口兼显示电路。显示板外带可触摸显示屏，显示相关测量信息和观测数据。仪器通过 RJ45 网络接口与外部进行数据交换。电路原理框图见图 5.5.1。

探头由测温谐振器和变换电路共同组成，电路原理框图见图 5.5.2。

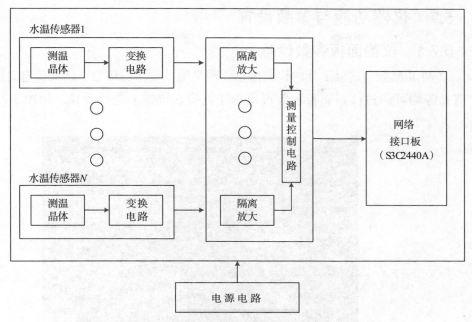

图 5.5.1　SZW-Ⅱ型数字式温度计电路原理框图

图 5.5.2　SZW-Ⅱ型数字式温度计水温传感器原理图

5.5.2　电路原理图介绍

石英晶体温度传感器供电与主机供电为隔离供电，传感器供电的地线端建议接在井口套管上。振荡交流信号经 T1 ~ T6 隔离变压器、阻容滤波、U1 ~ U5（IN128 仪表放大器）对信号进行放大，放大后信号进入闸门信号生成与控制电路，测量控制电路提供 10s 的标准闸门时间，如图 5.5.3 所示。

5.6　仪器安装与调试

传感器的安装方法、步骤与 SZW-1A 型数字式温度计基本一样，按照《地震地下流体观测方法　井水和泉水温度观测》（DB/T 49—2012）进行，参见 4.6 节。

5.7 仪器功能与参数设置

5.7.1 仪器面板参数设置

SZW-Ⅱ型数字式温度计的仪器信息、网络地址、井位信息、辅助信息、用户信息等均可通过仪器面板参数设定功能直接在仪器上进行设置，如图5.7.1所示。

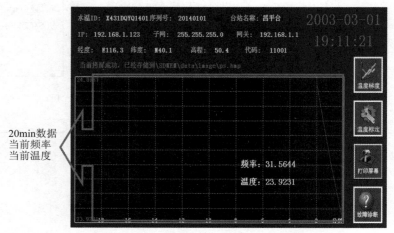

图 5.7.1 SZW-Ⅱ型数字式温度计显示面板

5.7.2 WEB 网页参数设置

将 IP 地址输入浏览器，将显示初始页面，单击屏幕中间字样，进入首页。

（1）首页

仪器首页介绍了 SZW-Ⅱ型数字式温度计相关组成及原理，展示了各组成部分的照片。同时，用户可通过首页，直接查看该仪器说明书。

（2）仪器指标

该网页介绍了 SZW-II 型数字式温度计的仪器指标与特性等信息。

（3）参数配置

"参数配置"页面见图 5.7.2。

（4）仪器安装

"仪器安装"页面见图 5.7.3。

（5）仪器检测

"仪器检测"页面见图 5.7.4。

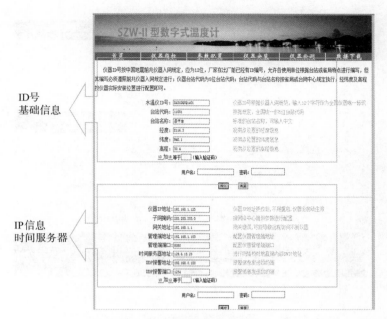

图 5.7.2 "参数配置"页面

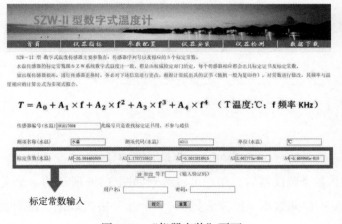

图 5.7.3 "仪器安装"页面

（6）数据下载

"数据下载"页面见图 5.7.5。

5.7.3 FTP 文件传输

SZW-Ⅱ型数字式温度计支持 FTP 协议，用户可通过 FTP 软件下载仪器数据，更新软件。

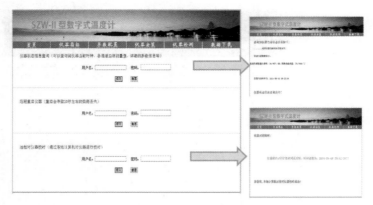

图 5.7.4 "仪器检测"页面

图 5.7.5 "数据下载"页面

通过 FTP 登录到仪器后，用户可以看到如图 5.7.6 所示的 4 个文件夹。

① DATA ：存储数据（秒钟值数据、"十五"格式数据、网页文件、软件工作日志）。

② EXE ：存储可执行文件，从"UPDATE"文件夹复制到"EXE"文件夹中，然后执行。

③ parmeter ：存储参数文件［包含厂家给出的水温传感器标定常数（A 值）、台站信息等］。

④ UPDATE ：软件更新文件夹（"*.exe"文件、"*.dll"文件上传到该文件夹中，网页文件则直接更新）。

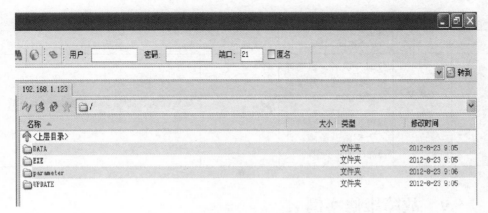

图 5.7.6　FTP 文件夹列表

5.7.4　数据存储与读取

SZW-Ⅱ型数字式温度计的数据文件类型与 SWY-Ⅱ型水位仪类似，参见 3.7.4 小节。

5.8　常见故障及排除方法

根据全国地下流体台网中 SZW-Ⅱ型数字式温度计的运行情况，汇集仪器故障记录信息，结合研发专家提供的资料，综合整理得出 SZW-Ⅱ型数字式温度计故障甄别排查方法信息表（表 5.8.1），列出不同的故障现象、故障可能原因、排除方法等；此外，筛选出部分有代表性的故障修复实例，列于 5.9 节。

表 5.8.1　SZW-Ⅱ型数字式温度计故障甄别排除方法信息表

序号	故障单元	故障现象	故障可能原因	排除方法
1	供电	主机面板 12V 指示灯灭	电源板件故障	在电源板上找到 12V DC/DC 模块，更换同型号模块
2	主机	原始文件不能正常生成"十五"格式文件	软件版本过低	将主程序"main.exe"通过 FTP 上传至"UPDATE"文件夹后重新启动
3	主机	仪器开机后不能正常进入程序，直接进入 WinCE 界面	运行程序出错	在 WinCE 界面下，通过 FTP 将"updatesoftware.exe"复制到"EXE"文件夹后重启仪器
4	主机	网络连接不通，在主机后面板接入显示器后显示黑屏	CF 卡故障	更换新的 CF 卡

续表

序号	故障单元	故障现象	故障可能原因	排除方法
5	传感器	仪器开机后，传感器指示灯不亮，且仪器面板无输出	传感器故障	更换探头，将探头下放至原探头下放位置
6		温度观测数据有突跳或大幅阶升阶降，且排除周围环境因素		

5.9   故障维修实例

5.9.1   电源模块故障导致仪器无法启动

（1）故障现象

主机面板 12V 指示灯灭，仪器无法启动。

（2）故障分析

电源板件故障。

（3）维修方法及过程

由故障现象 12V 电源指示灯灭且显示器无显示，比较容易确定为电源板件故障。打开主机上盖板，用万用表测量电源板 5V、9V、12V 接头处电压值，发现 12V 接头处无电压输出，测量电源板 15V 输入正常，在电源板上找到 12V DC/DC 模块，更换同型号模块。

5.9.2   不能生成"十五"格式文件

（1）故障现象

原始文件不能正常生成"十五"格式文件。

（2）故障分析

软件版本太低或需要升级。

（3）维修方法及过程

通过 FTP 登录仪器，由"data\worklog\"路径找到"version.txt"文件，文件中包含现有运行程序的版本信息，将主程序"main.exe"通过 FTP 上传至"UPDATE"文件夹后重新启动主机即可。

5.9.3 不能正常进入程序主页面

（1）故障现象

仪器开机后不能正常进入程序，直接进入 WinCE 界面。

（2）故障分析

"EXE"文件夹中的"updatesoftware.exe"文件损坏、CF 卡损坏、ARM 板 CF 卡存储单元损坏等。

（3）维修方法及过程

在 WinCE 界面下，通过 FTP 将"updatesoftware.exe"复制到"EXE"文件夹中，断电重新启动后恢复正常。

5.9.4 传感器故障导致缺数

（1）故障现象

网络通信正常，仪器网页和 FTP 可正常登录，但收到的数据为空值；检查前几天的测试数据，发现数据断断续续且严重突跳。

（2）故障分析

探头故障导致数据突跳及缺数。

（3）维修方法及过程

检查主机面板状态灯显示正常，显示屏显示为空值，且无曲线变化，初步判定主机工作正常。更换新探头后有正常测值，确定为探头故障。更换探头，将探头下放至原探头下放位置，并在网页上更改为相应的探头参数。

6 SD-3A 型自动测氡仪

6.1 简介

SD-3A 型自动测氡仪由中国地震局地震预测研究所研制和生产。仪器可以对溶解气氡（自流井、泉）、逸出气氡（非自流井）、土壤逸出气氡进行稳定连续自动观测，通过氡探测装置和主机控制，具备定时取气测量功能和对闪烁室进行空气清洗功能，是目前较为理想的氡观测仪器。

6.2 主要技术参数

（1）灵敏度：> 90 个脉冲·min^{-1}/（$Bq \cdot L^{-1}$）。

（2）闪烁室固有本底：≤ 20 个脉冲/min。

（3）计数容量：1×10^6 个脉冲。

（4）稳定性：< ±10%（年）。

（5）闪烁室密封性能：10min 内漏气小于 1.33kPa。

6.3 测量原理

氡气是一种不与任何元素发生化学反应的惰性气体，也是放射性气体，原子量为 222，半衰期为 3.825d。

SD-3A 型自动测氡仪的核心部件是氡探测器，它由 ZnS（Ag）闪烁室和光电倍增管组成，如图 6.3.1 所示。氡气进入 ZnS（Ag）闪烁室后，进行一系列的衰变，放射出大量 α 粒子，α 粒子轰击 ZnS(Ag)

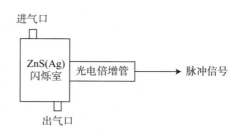

图 6.3.1 氡探测器结构图

屏，释放出光子。当光子入射到光电倍增管的光阴极时，光阴极吸收光子并发射出电子，电子通过倍增极形成电子流，在光电倍增管的阳极负载上形成脉冲电信号。释放的 α 粒子的数目与氡气的浓度成正比，因此，由记录到的脉冲信号的频次可以确定被测氡气的浓度。

6.4　仪器构成

SD-3A 型自动测氡仪由主机和测量装置两部分构成。主机用于放射性强度的计数测量、存储、网络连接和数据报送，测量装置完成信号的检测和放大。SD-3A 型自动测氡仪的外观如图 6.4.1 所示。

图 6.4.1　SD-3A 型自动测氡仪外观图

（1）前面板

前面板分左、中、右三部分，如图 6.4.2 所示。

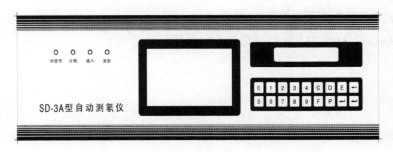

图 6.4.2　SD-3A 型自动测氡仪主机前面板示意图

左部：

秒信号——每秒闪动一次；

计数——开 CPU 计数闸门，灯亮；

输入——输入探头小信号时，灯亮；

发射——发射通信信号时，灯亮。

中部：打印机活动盖板及出纸口。

右部：10 位 LCD 显示和 18 位键盘。

（2）后面板

主机后面板如图 6.4.3 所示。

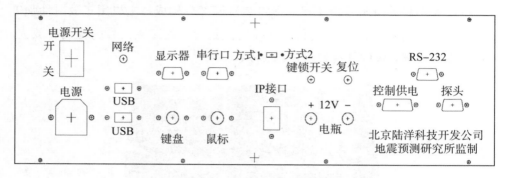

图 6.4.3　SD-3A 型自动测氡仪主机后面板示意图

①方式开关：拨至"方式 1"时为工作方式 1，拨至"方式 2"时为工作方式 2。

②保险：2A 保险丝。

③电源：220V、50Hz 交流电源插口。

④电瓶：12V 直流电瓶接线柱——红正，黑负。

⑤复位：复位开关，按下时仪器复位。

⑥RS-232：RS-232 标准通信接口（九芯标准针座）。

　　　　　　1 脚—— +12V；

　　　　　　2 脚——收；

　　　　　　3 脚——发；

　　　　　　4 脚——发射机控制；

　　　　　　5 脚——地。

⑦控制供电：探头控制供电电缆接口。

　　　　　　1、2、3 脚——12V 电磁阀供电输出；

　　　　　　6、7、8 脚——气泵供电输出；

　　　　　　11、12、13 脚——地线；

　　　　　　15 脚——电瓶电压。

⑧探头：探头电缆接口（九芯标准眼座）。

　　　　　1 脚——+5V；

　　　　　4、5 脚——12V 供电输出；

　　　　　6、7 脚——脉冲信号输入；

　　　　　8、9 脚——地线。

（3）主机

　　SD-3A 型自动测氡仪的主机主要由开关电源、电源控制板、仪器主板、PC104 工控机及显示模块构成，实物如图 6.4.4 所示。仪器主板是主机的核心板件，主要由 89C52 单片机系统及其外围电路构成，完成数据的采集、仪器面板键盘操作、显示等功能。PC104 工控机为网络接口板，完成数据的存储和上报、WEB 服务、FTP 服务等。

图 6.4.4　SD-3A 型自动测氡仪主机内部结构实体图

（4）测量装置内部结构

　　SD-3A 型自动测氡仪的测量装置由气路、电磁阀、前置放大板、高压模块、闪烁室、光电倍增管和 α 源构成，实物见图 6.4.5。闪烁室和光电倍增管是氡探测传感换能关键装置，产生的信号经前置放大之后，送入主机进行采集和存储。

图 6.4.5　SD-3A 型自动测氡仪测量装置内部结构实体图

6.5　电路原理及图件

6.5.1　电路原理框图

SD-3A 型自动测氡仪的电路主要包括四部分，分别为多路控制电源电路、信号检测与放大电路、数据采集及控制电路、网络接口及数据存储电路。网络接口模块连接显示器、键盘和鼠标，通过 RJ45 网络接口与外接进行数据交换。电路原理框图见图 6.5.1。

6.5.2　电路原理

（1）光电倍增管工作原理

光电倍增管将接收到的光辐射变成电子流，然后经倍增放大，输出一个较大的电信号。执行光电变换的部分是光电阴极，进行倍增放大的部分是倍增系统。倍增系统通常由几个到十几个倍增极和一个阳极组成。当光辐射入射到光阴极上时，光阴极吸收光子后发射出电子。这些电子打到第一倍增极上，激发出几倍于入射电子数目的二次电子，完成了一次倍增。这些二次电子进一步打到第二倍增极上，产生更多的二次电子，完成了二次倍增。这样，经过多次倍增之后，电子数目可增加 1×10^8 倍。最后，倍增后的电子流由阳极收集并输出电信号，如图 6.5.2 所示。

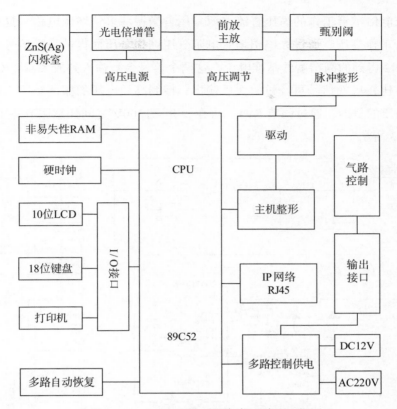

图 6.5.1　SD-3A 型自动测氡仪电路原理框图

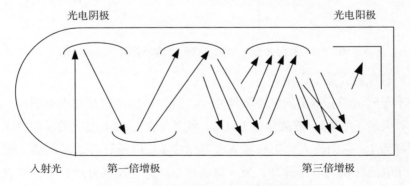

图 6.5.2　光电倍增管工作原理示意图

在使用光电倍增管时，为使光电阴极激发出的电子在各倍增极二次激发倍增后被阳极所收集，必须在光电倍增管阳极和阴极之间加上高压，并通过分压电阻给各倍增极加上逐级递增的高压。该仪器光电倍增管的工作高压采用阴极接地，阳极接正高压的接法，此种接法可以大大减少光电倍增管的噪声和暗电流。

供光电倍增管工作的高压直流电源采用自激振荡多倍增压电路，提供给光电倍增管工作高压。通过光电倍增管电阻分压网络分压而得的采样信号，与通过 D1、D2 得到的高精度的基准电压，这两个信号会被输入到放大器（IC1）进行比较，比较后的信号再经过放大后输出，控制高压电压的振荡幅度，达到稳定输出高压的目的。通过调节 RV1，可在 300～1300V 之间任意调节高压数据，如图 6.5.3 所示。

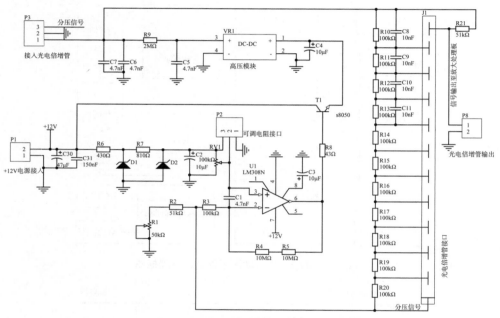

图 6.5.3　SD-3A 型自动测氡仪光电倍增管高压电源电路

（2）前置放大器工作原理

由于光电倍增管输出的脉冲幅度较小，且光电倍增管是高内阻器件，故需设计前置放大器（前放）。前放是由 LM357 高速运放（IC2）组成的反相放大器，其放大倍数为 1，它的输入电阻和输入电容组成 RC 电压脉冲成形网络，把光电倍增管的光电流转换为电压脉冲，放大器将该电压脉冲反向并进行电流放大，以便输出驱动，如图 6.5.4 所示。

（3）主放大器工作原理

在主放大器（主放）的输入端有一个由 R26、R27、C16 组成的极零相消的微分成形网络。其作用是将前置放大器输出的后尾很长的脉冲成形为无反向突起，脉冲宽度为 10μs 的尖脉冲。主放大器由两级电压并联负反馈组成放大器，

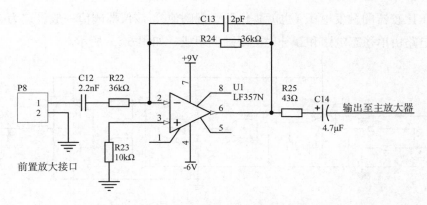

图 6.5.4 SD-3A 型自动测氧仪前置放大器电路

在第一级放大电路中，T2 为共发射放大电路，T3 为共基极放大电路，T4 为射极跟随器，R32、R33、R34 和 C20 构成自举电路，它输入的是正脉冲，输出的是负脉冲。

为取得更大的输出动态范围，第二级放大电路的形式有所不同，T5 构成共发射极放大电路，T6、T7 均为射极跟随器。通过调节 RV2 ，即可得到不同的放大倍数，如图 6.5.5 所示。

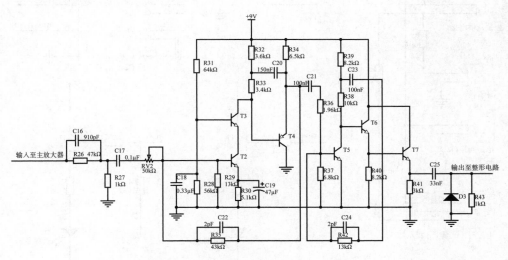

图 6.5.5 SD-3A 型自动测氧仪主放大器电路

（4）甄别阈、整形电路和驱动电路工作原理

整形电路由基线恢复电路和电压比较器组成。D4、R45 组成一个基线恢复电路，LM311 电压比较器组成了一个脉冲整形电路。改变 RV3 的大小，就改变

了电压比较器的触发电压（也就是仪器甄别阈值），该仪器阈值一般设定为 2.5V。驱动电路由单稳态电路和互补射极跟随器组成，如图 6.5.6 所示。

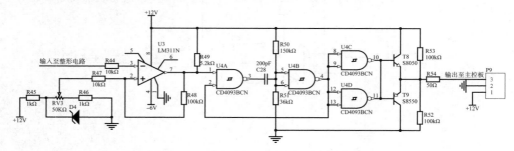

图 6.5.6　SD-3A 型自动测氡仪甄别阈、整形电路及驱动电路

（5）显示、控制接口电路工作原理

显示、控制接口电路如图 6.5.7 所示。

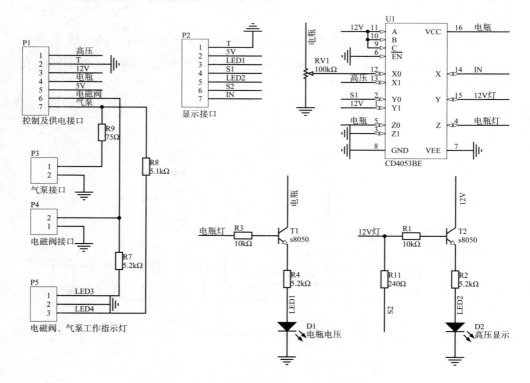

图 6.5.7　SD-3A 型自动测氡仪显示、控制接口电路

（6）主机电路

主机电路主要靠 CPU89C52 单片机实现，如图 6.5.8 所示。

6.6 仪器安装及调试

6.6.1 脱气（集气）装置安装

根据自动测氦仪的测量原理，先将水中的气体脱析出来并引入闪烁室中进行测量。脱气（集气）装置应视观测井条件选择适合的装置。水路部分一般用 PPR 铝塑管和铜接头连接泉（井）与脱气（集气）装置。气路部分用硅胶管连接脱气（集气）装置与仪器进气口。为使脱气（集气）装置出水畅通，在泄水口和出水管间设置了一定的落差。

6.6.2 主机安装调试

仔细阅读仪器使用说明书，连接好脱气（集气）装置和水、气路连接管。检查交、直流供电电源并与主机相连接。打开电源，按照仪器说明书修改相关参数和进行网络连接，按照以下步骤完成仪器安装。

①在安装好脱气（集气）装置、连接好气路后，将测氦装置后面板插座与主机后面板插座通过控制电缆进行连接。

②检查主机后面板工作方式开关，当选择使用定时定量自动取气功能时，仪器工作方式开关应选定为 1。

③接通主机 220V 电源，仪器前面板显示器将有 3s 时间显示"SD-3A-＊.rD"字样，其中"＊"代表工作方式，然后将继续显示日期与时间。前面板秒信号灯闪动，打印灯亮，仪器发出一次声响提示，同时打印机前进一步，这表示仪器工作正常。

如果秒信号灯不闪动或显示时间不对，则应使用 CC、CD 命令置入正确的日期和时间。

如果出现秒信号灯快速闪动的现象，请断电后重新接通电源或断电后打开机箱，将机内主板的芯片 IC7:6242 重新拔插一次。

如果开机后发出连续的报警声响，这是提醒用户必须对 C0、C1、C2、C3、D1、D2 六个参数进行检查并重新输入正确的参数。

④将充好电的电瓶接在仪器后面板的'电瓶'接线柱上，严格注意电瓶极性。

⑤使用键入命令方法，置入 C0 命令，设定累积时间参数，不管累积时间为几，测量结果都为每分钟平均值；置入 C1 命令，设定采样时间间隔参数；置入 C2 命令，选择脉冲量打印或物理量打印参数；置入 C3 命令，选择气泵抽气取样时间参数，以满足测量要求。

⑥使用键入命令方法，置入 D1 台站编号，置入 D2 采集器编号，以满足通信要求。

⑦首次使用该机时，应使用键入 C5（回车）、C（回车）总清命令，以清除数据区的原有数据。

⑧仪器运行过程中，在交、直流供电条件下，交流供电停止，不影响仪器工作；交、直流同时停止供电，仪器将不再工作，但仍保留数据区的数据和用户键入的各项参数，供电恢复后，仪器将按照停电前的参数运行，只有时间变化的差异。

6.7 仪器功能及参数设置

6.7.1 仪器面板参数设置

（1）键盘操作注意事项

①在操作命令时，须先按下仪器前面板上的键锁开关，以使各键生效；命令操作完毕后，再按下键锁开关。

②在执行各种键盘命令时，需先按回车键，以清除 10 位 LCD 显示，在显示无字符的情况下方可操作。

③按下命令键时，有声响提示；键入参数错误时，可利用"←"键（"Backspace"键）消除，重新置入。

④按下命令后，将显示相应的数字，其中闪动的数字是要置入参数的位置。

⑤任何一项命令在 30s 内未完成置入时，将自动进入时间显示功能，且该次置入无效。

⑥仪器在测量时间段内，设置了封锁键盘的功能，禁止置入任何命令，以防止出现错误。

（2）修改或置入命令

①CC 回车：修改或置入日期命令，置入"YYMMDD"格式的日期后，回车。

②CD 回车：修改或置入时间命令，置入"hhmmss"格式式的时间后，回车。

③C0 回车：修改或置入累积时间命令，置入"1""2""4""8"（min）任意一位数字后，回车。

④C1 回车：修改或置入测量时间间隔命令，置入"1"或"2"后，回车。

其中，"1"代表30min，"2"代表60min。

⑤C2回车：修改或置入脉冲量或物理量打印命令，置入四位数字，然后回车。当C2=0000时，为脉冲量格式打印；当C2≠0000时，为物理量格式打印。

⑥C3回车：修改或置入气泵抽气取样时间，置入"1"时为1min，置入"2"时是2min。

⑦D1回车：修改或置入该台站编号，为六位十进制数字，再按回车键。

⑧D2回车：修改或置入该仪器的编号，为三位十进制数字，范围为0～255，再按回车键。

（3）显示参数命令

①DC回车：显示日期。

②DD回车：显示时间。

③DE回车：反复操作可轮换显示时间及氦的测量结果。

（4）立即测量打印命令

PD回车：立即测量打印命令，用于方式1工作状态，同时显示SDJS字符，测量完毕后，将打印测量结果中的年、月、日及时间作为立即测量标志，测量结果不参加日均值的计算，定时测量时段不能操作该命令，立即测量与定时测量相冲突时，立即测量将自动作废。

（5）打印功能命令

①PP回车：不打印。

②PF回车：恢复打印（仪器初始为打印状态）。

（6）总清命令

①C5回车。

②C回车：两步操作，可对RAM数据区进行清零。

6.7.2　WEB 网页参数设置

（1）主页面

网页内容包括"首页""技术指标""仪器参数""数据下载""当天数据""仪器状态""账户管理""十五规程"等。

（2）仪器参数设置

SD-3A型自动测氦仪可以通过"仪器参数"页面检查和设置仪器的工作参数，设置和修改参数的必须为管理员或者超级用户，如图6.7.1所示。

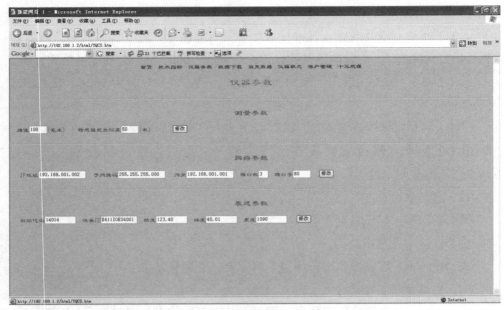

图 6.7.1　SD-3A 型自动测氡仪"参数设置"页面

工作参数主要包括"测量参数""网络参数""表述参数"等。"测量参数"包括阈值和传感器投放深度，"网络参数"包括 IP 地址、子网掩码、网关、端口数以及端口号，"表述参数"包括台站代码、设备 ID、经度、纬度、高度。

"设备 ID"的前八位保持不变，后四位可以进行修改。

"网络参数"包括 IP 地址、子网掩码、网关等，设置时每一组数据（以点号隔开）必须输入三位，不够三位的前面用"0"补齐。

网络参数的出厂默认值如下。

IP 地址：192.168.001.002；

子网掩码：255.255.255.000；

网关：192.168.001.001。

超级用户可以通过"运行功能"中的"设备复位"操作将网络参数设置为出厂默认值。当网络参数无法找回时，用户可以利用显示器以及键盘、鼠标，通过仪器主程序的"网络通讯"菜单查看和修改网络信息。

（3）数据下载（图 6.7.2）

提供 15 天的观测数据下载，单击对应的文件名即可下载，文件名的后八位数字是日期，如"4600100X06020060703.epd"为 2006 年 7 月 3 日的文件，文件

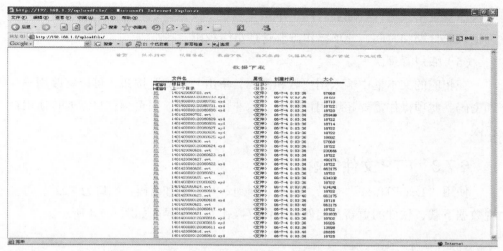

图 6.7.2 SD-3A 型自动测氡仪 "数据下载"页面

后缀为 ".epd"的是正常数据文件，后缀为 ".evt"的是事件文件。

（4）仪器状态

"仪器状态"页面主要用于查看仪器的工作状态，包括显示仪器时间和本地计算机时间、仪器的测量数据以及设备信息。页面显示如图 6.7.3 所示。同时其可以对系统的时间进行人工或自动校准，选择自动校准方式时，仪器自动连接网络授时服务器进行时间校准。选择人工校准方式时，在对应的日期、时间文本框

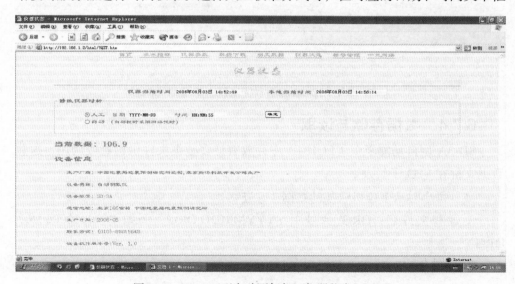

图 6.7.3 SD-3A 型自动测氡仪 "仪器状态"页面

中按照规定格式输入日期和时间，单击"确定"按钮，系统当前日期、时间会改为输入的日期和时间，此项操作需要管理员级权限。

（5）账户管理

在相应的文本框中输入用户名和密码，单击"提交"按钮，可以修改用户名和密码。此项操作需要超级用户权限。除非特别说明，网页浏览只需要普通用户权限。

6.7.3　FTP 文件传输

使用"LeapFTP.exe"登录，输入 IP 地址、用户名和密码，端口为"22"，可实现数据下载、软件的更新及文件的上传等操作，登录界面如图 6.7.4 所示。

图 6.7.4　SD-3A 型自动测氡仪 FTP 登录界面

6.7.4　数据存储与读取

SD-3A 型自动测氡仪（PC104）中存放有许多数据文件供检查或调用，这些数据文件在 SD3 子目录下。

（1）每小时从下位机收集的数据（二进制）

位置和文件名：ORG\台号 + YYYYMMDD.ORG，例如"9999220060207.ORG"。

数据格式：F9 08 07（数据头）小时（二进制数据）。

（2）23h 测量后从下位机收集的一天完整的二进制数据

位置和文件名：ORG\台号 + 08X060+ YYYYMMDD.ORG，例如"9999208X06020060207.ORG"。

其中，99992——台站代码；08X060——地电阻率仪。

数据格式：与"九五"数据格式一致。

（3）一天完整的数据（网络格式，内容与（2）一致)

位置和文件名：DEC\ 台号 + 00X001+ YYYYMMDD.EPD。

数据格式：9 列。

（4）仪器运行日志

位置和文件名：LOG\YYYYMMDDLOG.INI。

数据格式：对 ERROR 的解释。

（5）网络运行日志

位置和文件各：LOG\YYYYMMDD.LOG。

数据格式：按网络规程的要求。

需注意以下两点。

① 一般情况下不要修改、删除这些文件，切勿删除子目录，否则会丢失数据。

② "YYYY"代表年份，"MM"代表月份，"DD"代表日。例如 2006 年 3 月 11 日表示为"20060311"。

6.7.5　主要配置文件

精简 Windows98 操作系统配置在 PC104 工控机卡上，所有系统文件保存于"SD3"文件夹内。

SD-3A 型自动测氢仪系统的主要配置文件是"web.int"。该文件在"SD3"文件夹内，其主要内容包括：仪器网页的登录密码信息、仪器 ID 号、台站信息、网络 IP、仪器实时的测量参数、仪器的默认（缺省）测量参数等信息。

仪器每 10min 对配置文件"web.int"中实时的测量参数自动更新一次，在网页上或系统显示器上修改仪器网页登录密码，修改网络 IP、仪器 ID 号、台站信息，通过面板上传测量参数或在系统显示器上读取仪器测量参数，都将更新配置文件。

"commSetup.txt"文件为串口通信参数配置文件，包括波特率、数据位、停止位和奇偶校验位等参数。

6.8 仪器标定及检查

6.8.1 稳定性检查

标准值 $N_标$ 的测定：在观测仪器工作方式置于方式 1 的情况下，选 $C_0 = 4$，将检查源手柄拨到检查状态，用立即采集命令进行测量，连续测量 5 次，其均值即为 $N_标$。季度检查：按照流体学科技术管理要求，每季度对仪器进行检查。其方法是：将检查源手柄拨到检查位置，执行主机立即测量命令，连续进行 5 次测量，取平均值作为该次季检的 $N_检$ 值。其检查值 $N_检$ 与标准值的相对偏差 δ 的绝对值小于 10% 时，仪器即处于正常工作状态；超出 10% 时，应对系统进行故障检查判断。仪器的稳定性检查记录表见地下流体学科要求。

相对偏差计算公式：

$$\delta = \frac{N_检 - N_标}{N_标} \times 100\%$$

式中，$N_检$ 为被测仪器检查值；$N_标$ 为检查源标准值；δ 为检查值与检查源标准值相对偏差。

6.8.2 仪器标定

进行仪器 K 值标定前，要对仪器进行检查，检查内容主要有高压坪曲线、测本底计数率曲线，检查仪器工作正常且确定仪器的高压值、阈值后对仪器的 K 值进行检查标定。在日常观测工作中，仪器的参数要与标定中所设定的参数一致。

标定方法是：将后面板两标定口胶管拔下，连接真空泵，检查真空度，测量本底，符合要求时，方可进行标定。后面板上的上标定口连接真空泵，下标定口连接固体氡气源。氡气源建议用加拿大 RN-150 型、国产 FD-3024 型固体氡气源和改造的流气式循环氡源。具体标定方法请参照地下流体气氡观测技术规范和氡源使用说明。仪器标定记录表见地下流体学科要求。

仪器 K 值计算公式：

$$K = \frac{Q}{N - N_0}$$

式中，Q 为标准氡气源额定分配值；N 为标定计数（脉冲 /min）；N_0 为本底计数（脉

冲 /min）。

仪器物理量打印参数计算：

$$物理量打印参数 = \frac{K}{V \cdot \mathrm{e}^{-\lambda t}}$$

式中，K 为标定值；V 为闪烁室体积（0.37L）；λ 为氡衰变函数值（立即测量时为 1）。

6.9 常见故障及排除方法

汇集 SD-3A 型自动测氡仪在地震地下流体台网中的运行故障信息，结合专家提供的相关资料，针对几类常见的故障，归纳列出 SD-3A 型测氡仪常见故障甄别与排除方法一览表（表 6.9.1），以及故障维修实例（详见 6.10 节）。由于台网同类仪器数量少、使用时间较短，表中列出的信息，仅供观测维修人员工作参考。

表 6.9.1 SD-3A 型自动测氡仪常见故障甄别与排除方法一览表

序号	故障单元	故障现象	故障可能原因	排除方法
1	供电	开机后无显示	交、直流电源接触不好	插好电源插头
2		开机后无显示	保险丝熔断	更换保险丝
3		测值为"0"	高压模块故障	更换高压模块
4		测值为"0"	12V 电源模块故障	检查更换电源
5		高压灯一直常亮	电源控制板故障	更换电源控制器对管
6	主机	开机后 LCD 显示错误	程序出错	复位仪器
7		开机后秒信号灯不闪动，或显示的日期、时间不对	参数溢出	使用 CC、CD 命令，置入正确的日期、时间
8		开机后秒信号灯出现快速闪动	时间参数错误	重启仪器或者断电后重新插拔（更换）主板 IC7 芯片（6242）
9		开机后秒信号灯出现快速闪动	时钟芯片接触不良或故障	检查更改全部六项参数或者插拔、更换时间芯片
10		网络时通时断，仪器频繁重启	检查仪器看门狗程序、仪器观测系统版本	联系仪器生产厂家，远程升级系统版本
11			工控机供电电压过低	更换电源模块
12		仪器内部数据量过大	CF 存储卡	检查仪器主板 CF 卡，删除已备份数据或者更换 CF 卡

续表

序号	故障单元	故障现象	故障可能原因	排除方法
13	主机	网络无法连接	网线松动	重新插拔网线接口
14			仪器 IP 地址错误	检查仪器网络设置
15			通信单元故障	更换通信模块
16	传感器	测值下降	闪烁室密封胶环老化	更换闪烁室密封胶环
17			硅胶管老化	更换仪器硅胶管
18		计数值明显降低	闪烁室被污染	清洗闪烁室
19			气路堵塞或者管路老化漏气	检查气路，更换硅胶管
20		显示驱动译码器故障	装置显示错误	更换测氡装置中的 CD4053 器件
21		观测数据可以打印，仪器 WEB 页面显示观测数据为空值	上位机和下位机有时间差	下位机手动对时
22			上位机和下位机串口通信不畅	更换串口驱动芯片或串口线
23		电位器故障	调节电压不灵敏	更换调节电位器
24		仪器安装前一切正常，接入区域网后远程无法访问仪器主页面	主机名冲突	接入显示器和键盘、鼠标，更改仪器名称

6.10 故障维修实例

6.10.1 电源故障导致网络无法连接

（1）故障现象

西昌川 32 井 SD-3A 型自动测氡仪远程无法连接。

（2）故障分析

掉电、主机故障等。

（3）维修方法及过程

检查电源插座，220V 交流正常，打开主机箱上盖板，在开关电源处测量 220V 交流正常，12V 直流无输出，确定为开关电源故障，更换同型号电源后仪器恢复正常工作。

6.10.2 高压调节电路故障导致测值变为"0"

（1）故障现象

兰州十里店台安装了一套 SD-3A 型自动测氡仪，用于测量断层溢出气氡，

2014 年 8 月 13 日发现测值变为"0"。

（2）故障分析

现场发现仪器供电、状态指示灯和面板显示全部正常，检查气路，没有发现漏气现象。将仪器转换为立即测量模式，测量的过程中发现高压显示为 50V，调节高压电位器，高压最高为 300V。断开电源，打开装置机箱，重新通电，测量高压模块 12V 供电正常。初步判断引起高压较低故障的原因为高压输出模块故障或者高压调节电位器问题。测量电位器调节电阻，发现输出电阻与标称电阻不符，进一步判断高压调节电位器是引起故障的可能原因。

（3）维修方法及过程

更换高压调节电位器，将仪器置于立即测量模式，高压调节正常。将高压调到工作点，测值也恢复正常。

6.10.3　高压灯常亮

（1）故障现象

甘肃武山台安装了一套 SD-3A 型自动测氡仪，用于测量温泉溢出气氡。2014年 6 月 20 日，观测人员检查仪器时，发现高压指示灯常亮。

（2）故障分析

经检查，仪器其他指示灯全部显示正常，观测数据也正常，断电重启，故障依然存在，初步判断为高压部分故障。断开电源，打开主机机箱，经检查，只要通电，就一直有高压输出，高压板一直有 12V 供电。进一步判断高压故障是由12V 供电引起的。检查主机供电控制板，发现电源控制板上的一对对管被击穿，进一步判断是由电源对管被击穿引起的高压故障。

（3）维修方法及过程

更换电源对管，高压只在预热和计数时输出，高压故障排除。

6.10.4　无高压导致测值降低

（1）故障现象

测值为"0"，高压指示灯不亮。

（2）故障分析

高压指示灯不亮，一般是由于高压没有输出。在仪器测量的过程中可以测量高压输出情况，如果没有高压输出，先测量给高压模块供电的 12V 电源。如果高压模块工作电源正常，一般判断为高压模块出现故障。如果高压模块没有 12V 电源，首先检查更换电源控制板部分。

（3）维修方法及过程

更换高压模块，故障排除。

6.10.5　仪器内部电源引起的缺数

（1）故障现象

WEB 页显示数据缺数，数据采集同样缺数，但打印数据都正常。

（2）故障分析

观测数据打印正常，一般可以确定下位机和测量装置部分正常，一般为上位机和给上位机提供工作电压的供电模块出现问题。通过 ping 仪器主机，发现有掉包情况，连接好显示器、键盘、鼠标，发现工控机不停重启。打开仪器主机箱，测量工控机供电电压为 4.8V 以下，由于低于工控机所需的工作电压，故工控机不停重启，在重启的过程中丢失一部分数据。

（3）维修方法及过程

换电源板，工控机供电电压为 5V 左右，工控机工作正常。

造成仪器缺数的原因很多，工控机重启是主要原因之一，主要表现为远程 ping 主机 IP 地址有掉包现象。

6.10.6　上位机、下位机时间差引起的缺数

（1）故障现象

WEB 页显示数据全部为空，但数据打印正常。

（2）故障分析

远程 ping 仪器主机正常，仪器主页也能正常访问，数据下载、远程监控等各功能全部正常。经现场检查，仪器各指示灯全部显示正常，观测数据也能正常打印，初步判断为上位机和下位机通信障碍，上位机不能从下位机提取数据。连接好显示器、键盘、鼠标，操作上位机从下位机提取台站代码等数据，两者之间通信正常。再查看，发现下位机和上位机时间相差较大，上位机提取整点数据时下位机没有测量完毕而导致缺数。

（3）维修方法及过程

将上位机和下位机时间调整一致，观测数据能够正常显示在仪器主界面中。

6.10.7　下位机时间显示异常

（1）故障现象

下位机时间显示异常，重启无法恢复。

（2）故障分析

如果下位机时间显示异常，一般可通过重启仪器和进行相应的参数设置让时间正常显示。如果上述步骤无法恢复，则故障一般是由时间电路故障引起的。

（3）维修方法及过程

下位机时间服务主要由 M6242B 芯片来管理，如果下位机时间服务出现故障，可更换该芯片解决。

6.10.8　通信芯片故障导致数据错误

（1）故障现象

怀 4 井测氡仪 2015 年 9 月 23 日出现采数不正常，出现无规则乱数。

（2）故障分析

仪器显示、测量都没有问题，证明仪器采集部分没有问题，初步判断为通信故障。

（3）维修方法及过程

通过电脑串口直接收取仪器数据，不成功。更换串口芯片 232 后仪器恢复正常。

6.10.9　液晶显示屏故障

（1）故障现象

锦州台 SD-3A 型自动测氡仪液晶显示屏无显示，输入指示灯闪，数码管显示工作高压，仪器重启无效。

（2）故障分析

仪器液晶显示屏损坏，造成仪器自检不能通过，无法进入工作状态。

（3）维修方法及过程

更换液晶显示屏后仪器恢复正常。

6.10.10　存储芯片故障导致仪器无法正常启动

（1）故障现象

药王庙台 SD-3A 型自动测氡仪输入指示灯闪，数码管显示工作高压，液晶屏显示仪器开机时显示的字符。

（2）故障分析

台站停电造成仪器断电，仪器存储芯片内电池电量不足造成存储的参数丢失，参数错误使仪器不能正常启动。

（3）维修方法及过程

更换仪器存储芯片并重设仪器参数后，仪器恢复正常。

6.10.11　配置文件错误导致无法接入管理系统

（1）故障现象

新仪器安装之后无法接入前兆数据管理系统。

（2）故障分析

仪器安装调试都正常，数据也能正常观测，远程也能访问，但无法接入前兆数据管理系统，提示用户名或密码错误。别的仪器可以接入管理系统，由此可以确定为仪器端出现问题。接入键盘、鼠标和显示器，在 C 盘根目录下打开"WEB.ini"文件，发现仪器密码后面为空。

（3）维修方法及过程

按照管理系统默认的仪器密码"01234567"，对"WEB.ini"文件进行修改并保存。重启仪器，可以接入管理系统。

新购置仪器出现此类故障非常常见，可以本地修改仪器密码，也可以远程通过 FTP 下载"WEB.ini"文件，本地修改后重新上传，覆盖原文件，从而解决此类问题。

6.10.12　硅胶管老化导致测值下降

（1）故障现象

攀枝花台从 2015 年 5 月 1 日起川 05 井 SD-3A 型自动测氡仪观测数据急剧下降，到 5 月 4 日凌晨下降至最低 64Bq/L 左右，5 月 4—7 日数据异常波动。

（2）故障分析

现场对整个观测系统及井口装置进行检测。检测发现供电正常，水位、水温仪工作正常，辅助测项工作正常，气氡数采也工作正常。气氡数据出现大幅波动，但同一观测点其他观测仪器数据正常，同时 SD-3A 型自动测氡仪主机并无故障。然后对测氡仪的连接装置再次进行仔细检查，发现后部导气胶管有老化现象，判断其可能为故障原因。

（3）维修方法及过程

更换新胶管后用扎带将其紧紧扎牢，之后观测数据恢复正常。观测数据曲线如图 6.10.1 所示。

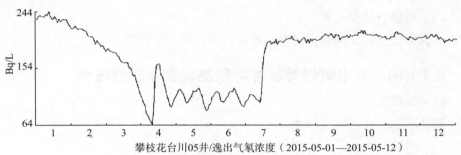

攀枝花台川05井/逸出气氡浓度（2015-05-01—2015-05-12）

图 6.10.1　攀枝花台川 05 井 SD-3A 型自动测氡仪观测数据曲线

6.10.13　排气口堵塞导致测值下降

（1）故障现象

药王庙台 SD-3A 型自动测氡仪测值线性连续下降。

（2）故障分析

水中含较多矿物质，造成脱气筒排气口堵塞。

（3）维修方法及过程

疏通脱气筒排气口并检查气路后，仪器恢复正常。

6.10.14　闪烁室被污染导致测值下降

（1）故障现象

药王庙台 SD-3A 型自动测氡仪的测值大大低于正常值。

（2）故障分析

排水管堵塞，使水从气路进入闪烁室，水中所含有的杂质附着在闪烁室内，使闪烁室效率下降，导致测值降低。

（3）维修方法及过程

用专用扳手打开闪烁室，用无水乙醇对闪烁室进行清洗并晾干后，重新安装仪器，测值慢慢恢复正常。

6.10.15　闪烁室故障导致无法检测与标定

（1）故障现象

对仪器进行标定检测，标定结果超出规范要求，无法对仪器进行检测与标定。

（2）故障分析

通过模拟水氡与气氡对比，发现观测数据不正常，进而判断气氡仪器闪烁室污染严重，所以无法进行检测与标定。

（3）维修方法及过程

将仪器送往厂家维修，更换闪烁室，后仪器工作正常。

6.10.16　光电倍增管故障导致测值变化幅度增大

（1）故障现象

测值不稳，变化幅度较大。

（2）故障分析

测值不稳，变化幅度较大，一般先检查观测环境的变化，如果观测环境没有变化，一般可以检测仪器的稳定性。$|\delta|$ 超出 10% 时，应对系统进行故障检查判断。

（3）维修方法及过程

测定仪器工作坪区，如果坪区变窄，一般是由高压倍增管老化引起的，可通过更换高压倍增管解决问题。

7 RG-BS 型测汞仪

7.1 简介

RG-BS 型测汞仪是由中国地震局地震预测研究所研制和生产的一种汞观测专用仪器。该仪器适用性广,可对液体、气体、固体等多种介质中的汞含量进行半自动可视化分析测量,在专用软件的支持下能完成可视化操作,完成检出限、精确度、灵敏度、准确度自动计算,以及绘制标准工作曲线、直线拟合等工作。

7.2 主要技术参数

(1)检出限:≤ 0.008ng(汞);

(2)灵敏度:≤ 0.008ng(汞);

(3)精确度:≤ 3%;

(4)基线稳定度:0.0008 ~ 0.001Å/30min;

(5)测量范围:0.5 ~ 250ng/L。

7.3 测量原理

RG-BS 型测汞仪根据冷原子吸收原理进行测量。该仪器是根据基态的汞原子对于汞特征辐射光(GP2HG 低压汞灯发射的特征 2537Å 光谱)的选择吸收,且在一定浓度范围内,透射光的强度与基态汞原子浓度的关系服从比尔定律工作的:

$$I=I_0\,e^{-K_V CL}$$

式中,I 为透射光强度;I_0 为入射光强度;K_V 为吸收系数;C 为汞原子浓度;L 为吸收光长度(常数)。

对上式取对数,整理后得:

$$C=KA$$

式中,A 为吸光度,$A=\ln(I_0/I)$;K 为比例常数,$K=1/(K_V L)$。

这表明，汞原子浓度 C 与吸光度 A 成线性比例关系。

K 可以通过对测汞仪进行标定求得，当检测到样品吸光度 A 值时，就可以计算出样品的汞浓度。本仪器就是根据这一原理进行样品汞浓度检测的。

7.4 仪器结构

仪器由测汞仪主机、带串口的计算机、电路、捕汞管、大气采样器、还原器、化学试剂及测试软件组成。其主要硬件见图 7.4.1。

图 7.4.1 RG-BS 型测汞仪主要硬件外观

（1）前面板

前面板如图 7.4.2 所示。

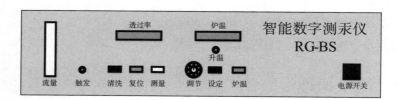

图 7.4.2 RG-BS 型测汞仪主机前面板

①流量：用于控制并指示载气流量。

②透过率：用于显示透过率相应的电压值和炉温设定值、当前炉膛温度，100% 透过率的电压值为 2000mV，90% 透过率的电压值为 1800mV。

③清洗：按下"清洗"按钮将启动抽气泵，用于排除吸收室污染。

④复位：用于给计算机一个连通信号，使计算机与测汞仪进入通信状态，使仪器不能进入测汞仪操作系统。

⑤测量：按此键，仪器将进入测量状态。

⑥电源开关：按下此开关，给仪器供电；抬起状态下仪器断电。

⑦炉温（上方）：用于显示炉温和炉膛当前实际温度。

⑧升温：灯亮时表示电炉升温。

⑨调节：与"设定"键配合设置所需炉温。

⑩设定：按此键，控温电路处于炉温设置状态，旋转炉温调节旋钮可设置炉温，为区分设定炉温和当前炉温，在设定炉温数字前无标识符（如"800"）。

⑪炉温（下方）：按下此键，显示当前的炉膛实际温度，在炉膛实际温度数值前有"-"标识符（如"-800"），用于和设定炉温相区别。

（2）后面板

后面板如图 7.4.3 所示。

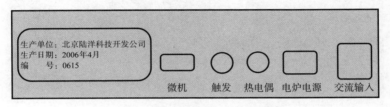

生产单位：北京陆洋科技开发公司
生产日期：2006年4月
编　号：0615

微机　触发　热电偶　电炉电源　交流输入

图 7.4.3　RG-BS 型测汞仪主机后面板

①微机：通过此口，可以用专用电缆把主机与计算机串口连接起来。

②触发：通过此口，可以用专用电缆把设在电炉上的微动开关发出的测量启动信号送入主机，进入测量状态。

③热电偶：通过此口，可以用专用电缆把电炉膛内温度信号送入控温电路，对炉温进行跟踪控制。

④电炉电源：通过此口，可以用专用电缆把控温电压送至电炉丝。

⑤交流输入：通过此口，可以接 220V 交流电源，给主机供电。

（3）主机

主机由电源板、控制板、数采板、光电倍增管、吸收室、汞灯、显示板流量计及抽气泵构成，见图 7.4.4。

①主机的气路。

抽气泵：使热释出的原子汞蒸气流经吸收室。

流量计：控制并指示热释出的原子汞蒸气流量。

进气口和外气路：引导热释出的原子汞蒸气流入吸收室的通道。

②主机的光路。

GP2HG 低压汞灯：产生汞 2537Å 特征光谱的光源。

管状吸收室：用特种玻璃加铝质外套制成，进行汞原子吸收的部件。

单色滤光器：用于滤掉 2537Å 以外的杂光。

光电倍增管：光电转换器件。

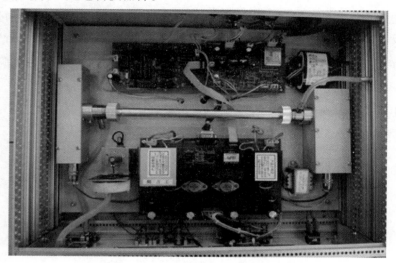

图 7.4.4　RG-BS 型测汞仪主机结构

捕汞管采用金丝三球四饼方式制作而成，见图 7.4.5。

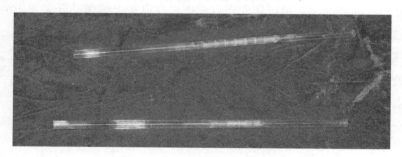

图 7.4.5　RG-BS 型测汞仪捕汞管外观

7.5　电路原理及图件

7.5.1　电路原理框图

RG-BS 型测汞仪的电路主要包含多路电源电路、信号检测与放大电路、数据采集及控制电路、炉温控制电路等，如图 7.5.1 所示。

7.5.2　电路原理介绍

（1）炉温数码管模块供电电源电路

该电路见图 7.5.2。

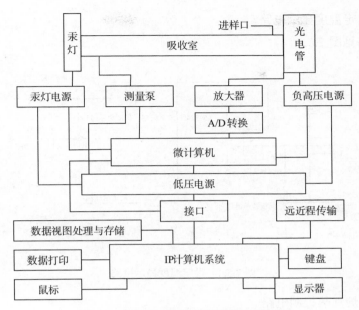

图 7.5.1　RG-BS 型测汞仪电路原理框图

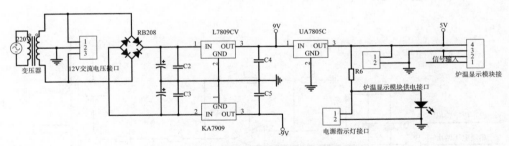

图 7.5.2　炉温数码管模块供电电源电路

（2）炉温显示电路

该电路见图 7.5.3。

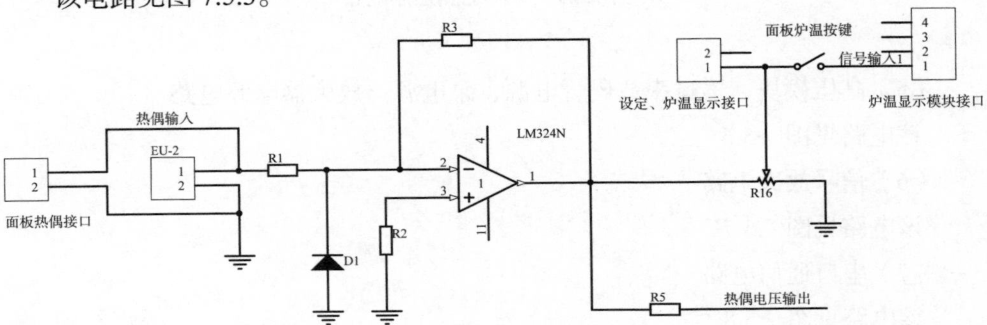

图 7.5.3　炉温显示电路

（3）设定温度显示电路

该电路见图 7.5.4。

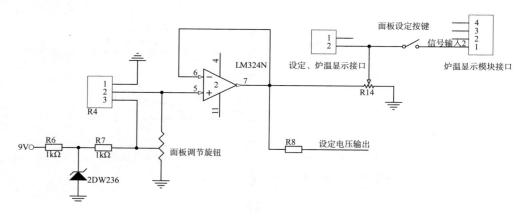

图 7.5.4　设定温度显示电路

（4）电炉加热控制电路

该电路见图 7.5.5。

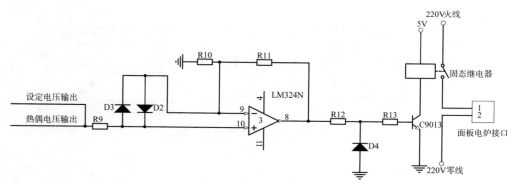

图 7.5.5　炉温加热控制电路

（5）高压模块、透过率数码管电源、泵电源、放大器电源电路

该电路见图 7.5.6

（6）信号放大电路

该电路见图 7.5.7

（7）串口通信电路

该电路见图 7.5.8

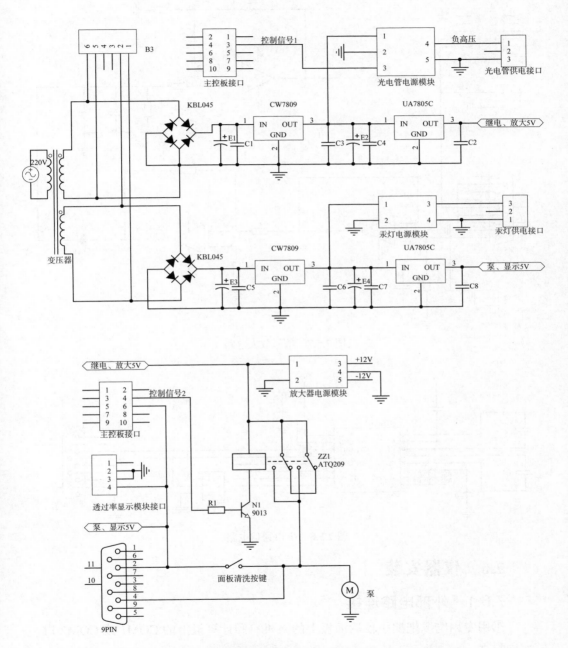

图 7.5.6 高压模块、透过率数码管电源、泵电源、放大器电源电路

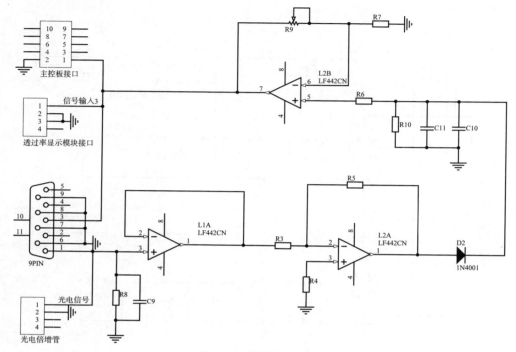

图 7.5.7　信号放大电路

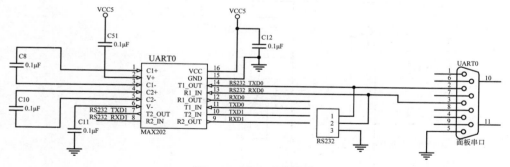

图 7.5.8　串口通信电路

7.6　仪器安装

7.6.1　外部电路连接

①用专用电缆把测汞仪后面板上的微机口和计算机上的 COM1 或 COM2 口连接起来。

②把电炉上的热偶电缆与仪器后面板上的热偶输入口连接起来。

③分别用电缆把计算机和测汞仪交流电源输入口与交流电源连接起来。

7.6.2 软件安装与使用

（1）软件安装条件

①硬件：具有串口的笔记本或台式计算机。

②软件：RG-BS1.10，软件支持 Windows 操作系统。

（2）安装具体操作

将光盘放入光驱内，双击"我的电脑"→双击"disk1"→双击"setup"→单击"next"→单击"yes"，在"serial"栏内设置单位名称→单击"next"→指定软件安装目录（不指定安装目录则自动安装到 C 盘），单击"next"→选择文件夹→选用"TYPical"（典型安装），单击"next"→单击"Finish"后结束安装，在桌面上自动形成 RG-BS 型测汞仪快捷图标。双击桌面上的快捷图标运行本软件。

7.6.3 水样的采集

水样采集需遵从以下原则和步骤。

（1）采样容器准备：建议使用玻璃瓶采样，每次使用前及使用后必须用洗涤剂仔细刷洗，然后用水冲洗至不挂水珠。

（2）水样采集体积：100mL 为宜。

（3）水样采集方法：在现场，先用水样冲洗采样瓶及其他采样用具三次，用量筒准确取 100mL 水样，迅速倒入采样瓶内，如不能立即进行测量，则应在现场加入浓硫酸（98%）2.5mL 和 5% 高锰酸钾溶液 1mL 进行保护，拧紧盖子摇匀。采样体积减小时应按比例减少保护剂，加试剂顺序不变。

（4）采样时应现场记录水温、气温、气压、天气和宏观现象等辅助参数。

（5）采样位置、深度、方式、时间条件应固定。如遇异常情况，应加密采样。

（6）在有条件的采样点，保护剂最好放在采样现场，以便采样后立即加入保护剂。保护剂应防止来自微尘的污染且定期更换。吸取浓硫酸和高锰酸钾溶液的滴管不得混用。

7.7 仪器功能及参数设置

下面通过水样分析过程来说明仪器功能及参数设置。

7.7.1　分析前准备

（1）启动测汞仪

设定炉温，按下"设定"键，旋转炉温调节旋钮，使显示器显示 800℃左右，按下"炉温"键显示炉膛温度（带标识符号"-"）。

打开测汞仪和计算机电源开关几分钟后，按仪器"复位"键、双击 RG-BS 型测汞仪桌面快捷图标，进入"初始化"对话框（图 7.7.1）。用户根据自己使用的计算机串口，可选择 COM1 或 COM2，没有特殊要求时均采用默认透过率（90%），单击"确认"按钮，进行透过率调节，经过数秒钟后，进入测汞仪操作软件主界面。

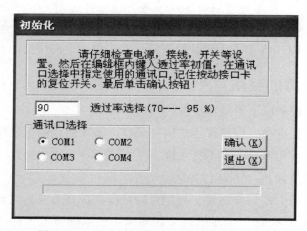

图 7.7.1　RG-BS 型测汞仪"初始化"对话框

（2）捕汞管净化

测量样品前必须净化捕汞管，净化后捕汞管放置至室温，设定大气采样器抽气时间。

（3）水样预处理

在实验室内，把采来的水样摇均匀，放置在试验台上并打开瓶盖；按规范要求加定量的还原剂草酸溶液后，盖好盖并摇均匀，直至水样全部变成无色透明状。

（4）水中汞富集

从完全变成无色透明的水样中吸取 10mL 放入还原器，如图 7.7.2 所示，用硅胶管把还原器出气口、捕汞管（带有磨砂端）、大气采样器抽气口连接起来。

拔起还原器竖管，加入定量的氯化亚锡溶液；打开大气采样器的电源开关，

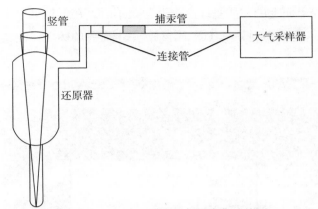

图 7.7.2 RG-BS 型测汞仪汞富集连接图

按下选定的抽气时间按钮（60s、120s、180s），按下启动按钮，到选定时间后泵自动停止。此时汞原子已富集到捕汞体上，取下捕汞管待测，按上述方法再富集至其他捕汞管上。

7.7.2 水样分析

水样分析按照以下步骤进行

①单击主控界面上的"选择测量物质"菜单，在下拉菜单中单击"捕汞管测液体"（图 7.7.3）。

图 7.7.3 RG-BS 型测汞仪"选择测量物质"菜单

②单击主控界面上的"测量样品类型"菜单后，在下拉菜单中单击"选择工作曲线"，显示"打开"对话框（图7.7.4），单击需要的标准曲线文件夹后，单击"打开"按钮。

图 7.7.4　RG-BS 型测汞仪打开对话框

③返回到主控界面，再次单击"测量样品类型"菜单，在下拉菜单中单击"样品测量"，显示捕汞管"样品测量"对话框（图7.7.5），输入参数（"液体mL"参数栏为默认值"10mL"，可以根据需要修改）。

④确认炉温已达到设定值，把富集好的捕汞管送入炉膛中，同时触动电

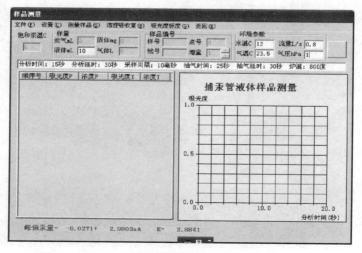

图 7.7.5　RG-BS 型测汞仪捕汞管"样品测量"对话框

炉上的微动开关或按仪器前面板上的"测量"键,显示"正在测量!"提示(图 7.7.6);等待 30s 后泵将会启动测量,动态曲线会显示在动态曲线框内(图 7.7.7);数秒后泵停止,动态曲线框内显示"测量结束!"提示,测量结果显示在左边数据栏内。

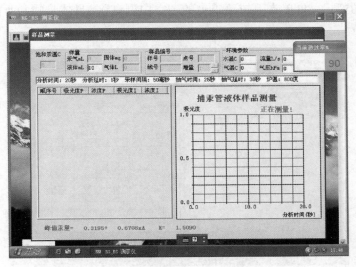

图 7.7.6　RG-BS 型测汞仪"正在测量!"提示

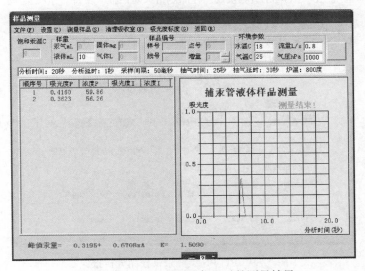

图 7.7.7　RG-BS 型测汞仪显示的测量结果

⑤数据保存

单击"文件"菜单,弹出"文件"下拉菜单(图 7.7.8)。单击"存储样品分析数据"后，再单击"显示样品分析报告"，弹出图 7.7.9 所示的样品分析报告，单击样品分析报告的"文件"菜单，显示"文件"下拉菜单，单击下拉菜单中的"打印"即可打印本次样品分析的分析报告。

完成水样分析后，还要按照要求完成空白样分析操作：单击主控界面上的"测量样品类型"，再单击下拉菜单中的"空白测量"。具体步骤和水样分析过程一致。

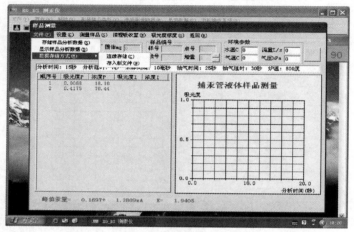

图 7.7.8　RG-BS 型测汞仪"样品测量"对话框"文件"下拉菜单

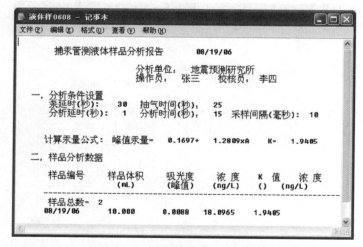

图 7.7.9　RG-BS 型测汞仪样品分析报告

7.8　仪器校测标定

RG-BS 型测汞仪采用饱和汞蒸气作为标准样对仪器进行标定。仪器标定（制作标准曲线）的目的是取得检测系统的吸光度与汞量的函数关系（K），即仪器的工作灵敏度，以便在样品实测时用其计算出实测样品的汞浓度。仪器的工作灵敏度 K 值的取得方法：对 5 ～ 6 个系列标准样进行测定后，取得一组标准系列的吸光度值，然后使用数学模型进行处理，便得到该仪器的 K 值。

7.8.1　标定前的准备工作

（1）开机预热

打开测汞仪和计算机电源开关，等待几分钟后，按仪器"复位"键，双击 RG-BS 型测汞仪桌面快捷图标，进入图 7.7.1 所示的"初始化"对话框。用户根据使用的计算机串口选择 COM1 或 COM2 后，没有特殊要求时均采用默认透过率（90%），单击"确认"按钮，进行透过率调节，经过数秒钟后，进入测汞仪操作软件主界面。

（2）设定炉温

按下"设定"键，控温电路进入温度设置工作状态，旋转炉温调节旋钮，使显示器显示 800℃ 左右（在设置炉温时，设置的数值前没有标识符号显示），再按下"炉温"键，等待升温至设置温度，大约需要半小时左右，此时显示器显示的是炉膛内的温度（显示炉膛温度时在炉温数值前有"-"标识符，注意区分）。

（3）清洗微量注射器

将要使用的注射器用中性洗涤剂清洗后，再用清水洗净，之后再用无水乙醇清洗。确认无堵塞或漏气后，抽满饱和汞蒸气，放置待用。

（4）捕汞管净化

仪器预热 30min 后，确认炉温升至 800℃ 左右，单击主控界面内的"选择测量物质"菜单，弹出下拉菜单，单击"捕汞管测液体"项。

再单击主控界面内的"测量样品类型"菜单，弹出下拉菜单，单击"工作曲线测量"项，进入图 7.8.1 所示的"标准测量"对话框，在"汞温"及"汞蒸气体积"栏内输入任意数后，将要净化的 1 号捕汞管与测汞仪进样口外接胶管相连接，并将捕汞管按顺序 1—2—3 段送入炉膛中心净化（图 7.8.2）。捕汞管送入炉膛时，同时触动电炉上的微动开关或按仪器前面板上的"测量"键，此时在"标准测量"界面的"捕汞管测液体标准测量"曲线框内出现"正在测量！"字样。待捕汞管在电炉中加热 30s 后测量泵自动启动，开始测量，捕汞管内的汞量显示在动态曲线上，等泵停止，测得的吸光度值（P）显示在左侧数据栏内（图

7.8.3）。按上述方法对全部待净化的捕汞管反复进行数次净化，直至底数接近零。

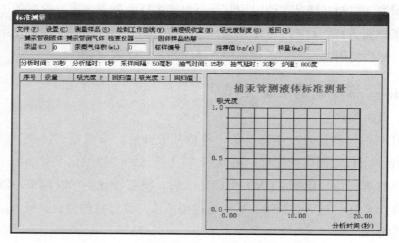

图 7.8.1　"标准测量"（捕汞管测液体标准测量）界面

图 7.8.2　捕汞管分段示意图

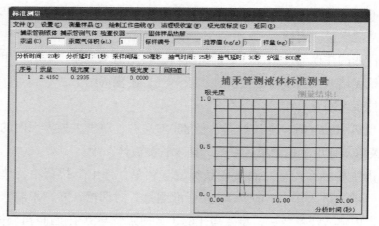

图 7.8.3　标准测量动态曲线及数据显示

（5）捕汞管一致性检测

①注入标准样。

开启大气采样器电源，按"启动"按钮，将流量调至 0.5L/min，将已净化好的 1 号捕汞管磨砂端与大气采样器抽气管相连接，用微量注射器从饱和汞蒸气发生器中抽取 0.2mL 饱和汞蒸气，注入捕汞管内，几秒钟后取下捕汞管。再把 2 号捕汞管磨砂端与大气采样器抽气管相连接，注入同样体积的饱和汞蒸气，几秒钟后取下捕汞管。按照该方法把待测的捕汞管全部注射完。

②测量一致性。

该测量仍在"标准测量"（捕汞管测液体标准测量）对话框中进行操作。在"汞温"和"汞蒸气体积"栏内输入汞温和注入体积，将 1 号捕汞管与测汞仪进样口外接胶管相连接，并将捕汞管的金丝部分送入炉膛中心，同时触动电炉上的微动开关或按主机前面板上的"测量"键，此时在"标准测量"界面的"捕汞管测液体标准测量"曲线框内出现"正在测量！"字样。待捕汞管在电炉中加热 30s 后，抽气泵自动启动，开始测量，捕汞管内的汞量变化显示在动态曲线上，等泵停止，测得的吸光度值（P）显示在左侧数据栏内（图 7.8.3）。按上述方法将全部捕汞管测量完，将吸光度差值在 10% 以内的捕汞管分成组待用。

（6）制备饱和汞标准样系列

取 5 支吸附效率较一致的捕汞管，通过硅胶管依次与大气采样器相连接；开启大气采样器电源，将流量调至 0.5L/min，用微量注射器依次从饱和汞发生器中抽取 10μL、30μL、50μL、70μL、90μL 饱和汞蒸气，同时记录每次抽取饱和汞温，并向选好的 5 支捕汞管中分别注入上面系列体积的饱和汞蒸气（每次操作在最短的时间内完成）。饱和汞标准样系列制备完成后，按下述方法进行系列标准样品测定。

7.8.2　测量系列标准样

确认炉温升至 800℃左右［该测量仍在图 7.8.1 所示的"标准测量"（捕汞管测液体标准测量）对话框中进行操作］。在"汞温"和"汞蒸气体积"栏内输入汞温和注入体积，将 1 号捕汞管与测汞仪进样口外接胶管相连接，并将捕汞管的金丝部分送入炉膛中心，同时触动电炉上的微动开关或按主机前面板上的"测量"键，此时在"标准测量"界面的"捕汞管测液体标准测量"曲线框内出现"正在测量！"字样。待捕汞管在电炉中加热 30s 后，抽气泵自动启动，开始测量，捕汞管内的汞量变化显示在动态曲线上，等泵停止，测得的吸光度值（P）显示在左侧数据栏内（图 7.8.3）。按上述方法将标准系列全部测量完，测得的标准系列的吸光度值（P）全部显示在左侧数据栏内（图 7.8.3）。

7.8.3　绘制标准工作曲线

单击图 7.8.1 所示的"标准测量"（捕汞管测液体标准测量）对话框中的"绘制工作曲线"菜单，弹出下拉菜单，单击"显示散点图"项，显示子菜单，单击子菜单中的"显示峰值散点图"项，自动将所测得的标准样测值标注在坐标图上，见图 7.8.4。如果认为哪个数据不可靠，不能参与绘制标准工作曲线，可双击散点图上相对应的点，在该数据前自动打"×"，以示删除。

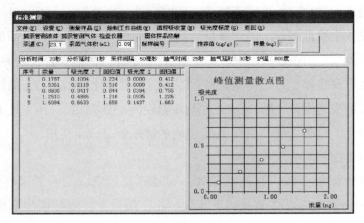

图 7.8.4　标准曲线散点图

单击"绘制工作曲线"菜单，弹出下拉菜单，单击"拟合直线"项，自动绘制出峰值标准工作曲线（图 7.8.5）。在曲线图上部显示出直线拟合参数 A_0、A_1 和 K 值，右下角显示"相关系数"。再单击"绘制工作曲线"菜单，单击"显示散

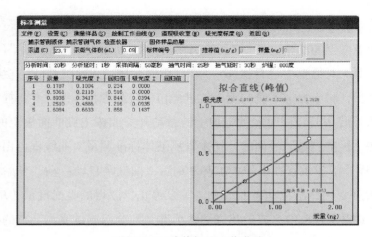

图 7.8.5　峰值标准工作曲线

点图"，显示出子菜单，单击子菜单中的"显示积分散点图"项，自动将测得的
标准样积分值标注在坐标图上。

单击"绘制工作曲线"，选择"绘制标准曲线"下拉菜单中的"拟合直线"项，
自动绘制出积分标准工作曲线，在曲线图顶端显示 A_0、A_1 直线拟合参数和 K 值，
右下角显示出直线拟合相关系数。当峰值及积分标准工作曲线均拟合后，进行数
据存储，单击图 7.7.9 中的"文件"菜单，弹出下拉菜单，单击"存储测量数据"
项，将标准工作曲线存储在"液体测量"文件夹内，测量数据以文件形式同时保
存。选择"显示测量数据"项，可以查看是否成功保存了数据。至此，绘制标准
工作曲线工作结束。

本次制作的标准曲线不会自动覆盖以前保存的标准曲线，保存了新的标准曲
线后，应删除不再使用的老标准曲线，以防止混乱和占用空间。新的标准曲线可
以随时调出，用于计算实测样品汞浓度。

7.8.4 打印工作曲线

单击"标准测量"对话框中的"返回"按钮，回到主界面，单击"显示数据"
菜单，在弹出的下拉菜单中选择"显示标准数据"项，弹出图 7.8.6 所示的"打
开"对话框。

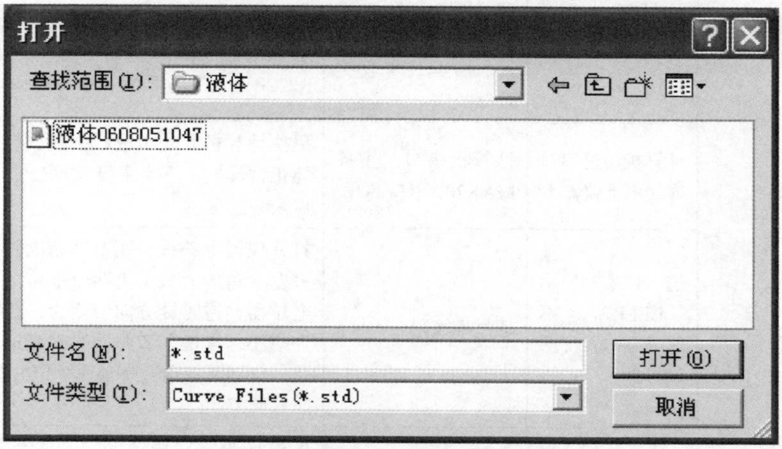

图 7.8.6 "打开"对话框

选定所要的文件（液体文件）后，单击"打开"按钮，弹出"捕汞管测液体
标准测量"报告，单击"捕汞管测液体标准测量"报告的"文件"菜单，在弹出
的下拉菜单中选择"打印"项，即可打印"捕汞管测液体标准测量"报告。

7.9 常见故障及排查方法

收集地震地下流体台网中 RG-BS 型测汞仪的运行故障信息，结合相关专家提供的资料，针对几类常见故障，归纳列出 RG-BS 型测汞仪常见故障甄别与排除方法一览表（表 7.9.1），以及故障维修典型实例（详见 7.10 节）。由于台网同类仪器数量较少、使用时间较短，故表中列出的信息，仅供观测维修人员工作参考。

表 7.9.1　RG-BS 型测汞仪常见故障甄别与排除方法一览表

序号	故障单元	故障现象	故障可能原因	排除方法
1	供电	炉温数码管模块不显示	电源板 7805、7809 稳压器芯片等故障	更换 7805、7809 稳压器芯片
2	主机	炉温显示值不正确	炉温电源板	用万用表检查仪器后面板热偶输入端，有微弱电压输入；检查炉温电源板上 LM324N 放大器芯片，1 脚有电压输出；检查可调电阻 R16，发现在调节时电阻无变化，更换可调电阻 R16 后正常
3		抽气泵电动机不工作，抽气泵电动机不受控制	主控板故障	ATQ209 继电器在测试过程中有输入电压，无输出电压，更换同型号的继电器后恢复正常
4		透过率显示值不正常	光电倍增管负高压模块、汞灯高压模块、R212RH 光电倍增管、GP2HG 汞灯、LF442CN 放大器等故障	用万用表测量光电倍增管是否有微弱电压信号输入。如果正常，进一步检查 LF442CN 放大器；如果不正常，检查光电倍增管负高压模块、汞灯高压模块、R212RH 光电倍增管、GP2HG 汞灯
5		计算机通过串口连接不上仪器	计算机串口、主板 MAX202 串口芯片	更换计算机并安装最新的测试软件后仍不能正常连接，更换主板 MAX202 串口芯片后恢复正常
6		透过率显示"EEEE"，不能正常进入测试界面	透过率超限	打开仪器上盖板，调节通信电路板（吸收室左上角的大板）上两个电位器中的横向电位器，逆时针方向为增大，顺时针方向为减小，慢慢调节并同时观察透过率的变化，仪器面板透过率显示"EEEE"时应顺时针调节
7		K 值超差过大	更换的硅胶管长度过长，工作点漂移等	更换硅胶管；调节光电放大电源板（吸收室下角）上蓝色的电位器，逆时针方向为增大，反之为减小，并从硅胶管进气口处注入 1ng 的饱和汞蒸气（查表换算），仪器显示吸光度峰值在 0.9 ~ 1.0 之间为好

7.10　故障维修实例

7.10.1　炉温显示值不正确

（1）故障现象

炉温显示值不正确。

（2）故障分析

参见 7.5 节所示电路原理图，分析可能引起故障的原因：①热电偶传感器输出不正常；②调节电压输出的可调电阻值变化。

（3）维修方法及过程

用万用表检查仪器后面板热偶输入端，有微弱电压输入；检查炉温电源板上 LM324N 放大器芯片，1 脚有电压输出；检查面板炉温开关，正常；检查可调电阻 R16，发现在调节电阻时出现非线性变化。更换可调电阻，调节为合适电阻值后，仪器恢复正常。

7.10.2　设定温度显示值不正确

（1）故障现象

设定温度显示值不正确。

（2）故障分析

参见 7.5 节所示电路原理图，分析可能引起故障的原因：①面板设定温度电位器故障；②调节电压输出的可调电阻值变化。

（3）维修方法和步骤

用万用表检查面板的可调电位器，正常；检查面板的设定温度开关，正常；检查炉温电源板上 LM324N 放大器芯片，7 脚有电压输出；检查可调电阻 R14，发现在调节电阻时出现非线性变化。更换可调电阻，调节为合适电阻值后，仪器恢复正常。

7.10.3　电炉加热故障

（1）故障现象

电炉达到设定温度后不停止加热等。

（2）故障分析

参见 7.5 节所示电路原理图，分析可能引起故障的原因：①控制电炉加热的继电器故障；②控制信号始终控制继电器闭合。

（3）维修方法与步骤

发现炉温超过设定温度时，用万用表检查炉温电源板上 9013 三极管，仍然饱和导通；用万用表检查热偶，电压输出为正电压。随着加热时间的延长，经分析，只有热偶电压为不断增加的负电压，才可以截止 9013 三极管，变换热偶接线端的接线，仪器恢复正常。

7.10.4　透过率数码管模块不显示

（1）故障现象

透过率数码管模块不显示。

（2）故障分析

参见 7.5 节电路原理图，分析可能引起故障的原因：①数码管模块供电不正常；②数码管模块损坏。

（3）维修方法与步骤

检查透过率数码管模块的 5V 供电，无电压输入；检查光电放大电源板上 7805 稳压器芯片，无 5V 输出；检查 7809 稳压器芯片，无 9V 输出。判断为 7809 芯片故障，更换后正常显示。

7.10.5　抽气泵电动机故障

（1）故障现象

抽气泵电动机不受控制。

（2）故障分析

参见 7.5 节电路原理，分析可能引起故障的原因：①抽气泵损坏；②抽气泵供电不正常。

（3）维修方法与步骤

首先，按下面板"清洗"按钮，抽气泵正常工作；给光电放大电源板上的 9013 三极管基极高电平，使其饱和导通，抽气泵仍然不工作；进一步检查发现 ATQ209 继电器输入电压正常，判断 ATQ209 继电器故障，更换后正常。

7.10.6　透过率显示值不正确

（1）故障现象

透过率显示值不正确。

（2）故障分析

参见 7.5 节中的电路原理图，分析可能引起故障的原因：① R212RH 光电倍增管损坏；② GP2HG 汞灯损坏；③放大电路部分故障；④光电倍增管或汞灯高压供电模块损坏。

（3）维修方法与步骤

用万用表检查光电倍增管及汞灯的供电模块，发现汞灯供电模块无电压输出，进行更换后仪器恢复正常。

7.10.7　串口通信故障

（1）故障现象

计算机通过串口连接不上仪器。

（2）故障分析

参见 7.5 节中的电路原理图，分析可能引起故障的原因：①计算机串口故障；②仪器串口故障。

（3）维修方法与步骤

更换计算机并安装最新的测试软件，仍不能正常连接；用万用表测量仪器 9 针串口的 2 脚，无 –5V 电压，说明主控板 MAX202 串口芯片故障，更换后连接正常。

7.10.8　电路电热丝损坏故障

（1）故障现象

主机前面板炉温调节不能正常工作，电路未正常加热。

（2）故障分析

电炉供电故障、电热丝损坏等。

（3）维修方法与步骤

检查电炉 220V 交流供电正常；断电状态下，用万用表测量电炉两端电阻，为开路，确定电炉内电热丝被烧断。打开电路外壳，更换 800W 电热丝，将电热丝拉伸至约 2m 左右，按原电热丝缠绕方式均匀缠绕在电炉内壁，填充石棉。通电后仪器正常工作。

7.10.9　透过率显示"EEEE"

（1）故障现象

透过率显示"EEEE"，不能正常进入测试界面。

（2）故障分析

透过率超限。

（3）维修方法与和步骤

打开仪器上盖板，调节通信电路板（吸收室左上角的大板）上两个电位器中的横向电位器，逆时针方向为增大，顺时针方向为减小，慢慢调节并同时观察透过率的变化，仪器面板透过率显示"EEEE"时应顺时针调节。

7.10.10　*K* 值超差过大

（1）故障现象

K 值超差过大。

（2）故障分析

更换的硅胶管长度过长、工作点漂移等。

（3）维修方法与步骤

K 值的大小与仪器进气口和捕汞管之间连接的硅胶管长度有直接的联系，一定浓度的汞蒸气通过载气（空气）进入吸收室的距离越短，浓度变化就越小，因此仪器显示的吸光度峰值就越大。为使操作方便，硅胶管的长度一般为 40 ~ 45cm，每次检查标定时应更换硅胶管。若更换硅胶管不能解决问题，打开仪器上盖板，调节光电放大电源板（吸收室下角）上蓝色的电位器，逆时针方向为增大，反之为减小，并从硅胶管进气口处注入 1ng 的饱和汞蒸气（查表换算），仪器显示吸光度峰值在 0.9 ~ 1.0 之间为好。

8 RG-BQZ 型测汞仪

8.1 简介

RG-BQZ 型测汞仪以 RG-BS 型测汞仪为基础，对仪器增加了数字化采样和测试功能，实现了智能化和网络化观测。

8.2 主要技术参数

（1）检出限：≤ 0.008ng（汞）；

（2）灵敏度：≤ 0.008ng（汞）；

（3）精确度：≤ 3%；

（4）基线稳定度：0.0008 ~ 0.001Å/30min。

8.3 测量原理

RG-BQZ 型测汞仪的测量原理与 RG-BS 型测汞仪的测量原理一致，参见 7.3 节。

8.4 仪器构成

RG-BQZ 型测汞仪由主机、打印机及温度探头组成，见图 8.4.1。

图 8.4.1 RG-BQZ 型测汞仪主机外观

（1）前面板

前面板上的显示器具有工作状态显示和数字显示功能，见图8.4.2。

①工作状态显示：由9个发光二极管组成。

预置灯：此灯亮时仪器处于参数设置工作状态，可通过操作键置入参数。

标定灯：此灯亮时仪器处于标定工作状态。

自动灯：此灯亮时仪器处于自动测量状态。

手动灯：此灯亮时仪器处于人工测量状态。

测量灯：此灯亮时仪器正在进行测量，其他操作无效。

预热灯：此灯亮时点燃光电管和汞灯，仪器处于预热工作状态。

传输灯：此灯亮时仪器正进行数据通信。

网络灯：仪器通电后该灯必须亮。

电源指示灯：此灯亮时仪器电源正常。

②数字显示：由八位七段LED组成数字显示器，用于显示各种预置项及数据，左边的两位为预置项序号，右边的六位为需要置入的各种具体数值。

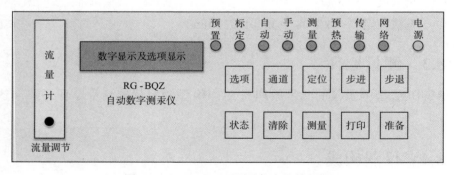

图8.4.2　RG-BQZ型测汞仪主机前面板

（2）后面板

仪器后面板设计有交流插孔、电源开关、捕汞管风扇开关、温度传感器接口、打印机电源接口、打印机输出接口、RS232接口、显示器接口、键盘接口、鼠标接口、网络接口、复位键、进样口及排气口等，见图8.4.3。

（3）仪器内部结构

内部结构零部件有开关电源、电源板、主板、汞灯、光电倍增管、吸收室、捕汞管、PC104工控机、抽气泵、流量计、显示板、按键板及风扇等，见图8.4.4。

（4）仪器气路结构

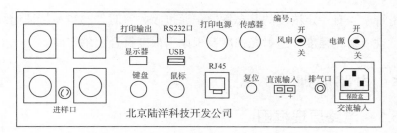

图 8.4.3　RG-BQZ 型测汞仪主机后面板

图 8.4.4　RG-BQZ 型测汞仪主机内部结构图

气路工作情况为：抽气泵在程序指定时间通电抽气，使被测气体从主机后面板上的进样口进入，经捕汞管、吸收室、流量计、抽气泵至排气口，见图 8.4.5。

汞灯通电后产生 2537Å 的特征谱线，经过单色器、吸收管、紫石英透镜到达

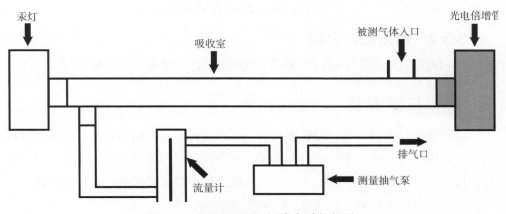

图 8.4.5　RG-BQZ 型测汞仪气路框架图

光电倍增管。当有一定浓度的基态汞原子通过吸收室时，2537Å 特征谱线被选择性吸收，且入射光强度、透射光强度及汞原子浓度符合比尔定律。

8.5　电路原理

8.5.1　电路原理框图

RG-BQZ 型测汞仪的测量系统由单光束光路系统、气路系统、光电转换系统、检测电路、计算机控制电路、显示和键盘电路及相应软件等组成，工作原理图见图 8.5.1。

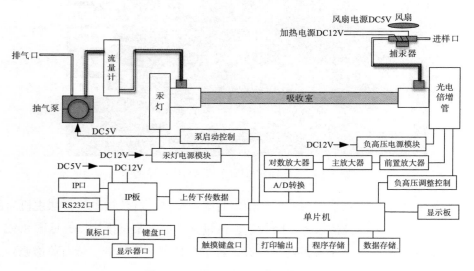

图 8.5.1　RG-BQZ 型测汞仪工作原理图

8.5.2　电路原理介绍

RG-BQZ 型测汞仪与 RG-BS 型测汞仪的电路部分基本相同，参见 7.5.2 小节。

8.6　仪器安装

仔细阅读仪器说明书，安装连接好脱气装置和水、气路连接管。检查交、直流供电电源并与主机相连接。打开电源，按照仪器说明书修改相关参数和网络连接，检查自动测量功能、标定功能等。按照以下步骤完成仪器的安装和调试。

（1）检查观测环境是否满足 RG-BQZ 型测汞仪的使用条件

①室内温度 10 ~ 35℃、湿度 ≤ 80%。

②室内通风好、少灰尘、无汞污染。

③室内交流电源在 220V 左右，配备 UPS 不间断备用电源。

④具有良好的地线和避雷设备。

⑤用于水温 20℃以上地下水气体自动测量时，被测气体应作干燥处理。

⑥观测气源至仪器进样口的气路长度应小于 3m，外气路环境温差应尽量变化小，应达到一年四季气路内没有冷凝水珠。

（2）安装通电前的准备

①动手安装前应认真阅读用户手册，特别是黑字部分；

②安装前必须先打开仪器盖，检查各部件并逐件固定牢靠；

③仪器进样口（主机后面板上）与外气路用硅胶管相连；

④检查交直流电源电压，仪器接地线，打印机及打印机电源无误后才可通电。

（3）仪器加电后的检查

①检查系统时钟。

通电后数字显示器左端有秒信号闪动，右边显示系统时钟且时钟正常走动，仪器系统时钟工作正常。

②检查自动测量功能。

按"状态"键使预置灯亮，进入参数设置工作状态；按"定位"键使分钟位闪动，按"步进"或"步退"键键入"48"，立即按"状态"键至自动测量状态灯亮，仪器进入自动测量状态，等待时钟到 ×× 时 49 或 50 分时仪器自动启动，预热灯亮，开始预热。再按"状态"键使预置灯亮，按"定位"键使分钟位闪动，按"步进"或"步退"键将分钟改成"58"，稍等采样泵自动启动，采样 1min 泵停止，捕汞器加热数秒后数字显示器显示测量值，泵延时几秒停止，预热灯灭，等待下次测量。上述操作顺序通过说明仪器自动测量功能正常。

③检查标定功能。

将温度传感器插入仪器的传感器口，按"状态"键，使标定状态指示灯亮，仪器进入标定工作状态。数字显示器左边显示标定符，右边显示默认 K 值 2.50。按"清除"键，数字显示器左边显示标定序号"1"，右边立即显示"00.0000"，按"准备"键，使预热指示灯亮，数字显示器立即显示"00 0087"或其他数字，同时开始逐渐减小，约 10min 内应在最后一位上变化，仪器已进入稳定状态。用微量注射器抽取 0.2mL 的饱和汞蒸气，把针头插入仪器进样口，按"清零"键，按"测量"键抽气泵启动，立即注入饱和汞蒸气，采样 5s 左右停止，捕汞器加热数秒左右，应看到电阻丝逐渐变亮，泵再次启动进行测量，约几秒后泵停止，显示器上显示出测值，本次测量结束。按"清除"键，数字显示器左边显示标定序号"2"并将测值自动存储，右边立即显示"00.0001"或其他10以内的数字且在最后一位调整。按上述方法依次做完标定序号10，按"清除"键，显示一个新的标定值，按"打印"键，能打印出标定结果并附有温度值。上述过程顺利通过说明仪器标定功能正常。

仪器安装完成后，按规范要求编写安装报告，记录台站基本情况、仪器参数设置及水路气路改造等情况。

（4）工作点调试

仪器断电情况下，将温度传感器插入汞瓶中，传感器的插座插入仪器后面板上的传感器插座中，打开汞瓶温度计开关。开机，将仪器设置为手动工作状态，按"清除"键、"准备"键、"通道"键，使显示屏显示"100.000"（温度显示通道），预热30min。工作点调节万用表接相关测试点的指示图如图8.6.1所示。

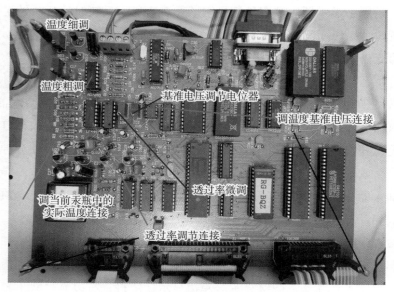

图 8.6.1　RG-BQZ 型测汞仪工作点调节示意图

①温度基准电压调节。

将上层的电源板提起左移，露出要调节的器件 U21-LF442，用绝缘物将上下板隔开，将数字万用表调至 20V 直流挡，负表笔接在电路板的固定柱上，正表笔触在 U21-LF442 芯片的 7 脚上，调电位器 202，使直流电压尽量接近 10V。

②当前汞瓶温度调节。

负表笔接在电路板的固定柱上，正表笔触在 U18-7650 芯片的 10 脚上，读汞瓶中的温度（如 24.6℃），调粗调电位器 UR3，使直流电压为 2.46V，按"测量"键，测量结果为实际测量温度值。此值应与汞瓶中的温度值相符，如有差异，可用微调电位器 UR2 按上述方法调节至相符。

③透过率调节。

温度工作点调节完后按"清除"键，显示 R00.001 ~ 00.009，最后一位闪动，万用表正表笔触在 U8-LF444CN 的 8 脚上（或 R2 电阻左侧），此时万用表显示当前的透过率值，正常值为 1.77 ~ 1.80V，如高于或低于此值，可调节电源板（上层板）上的 R1 电位器粗调，调下层板上的 U104 电位器微调，调至正常值，关闭电源，再开机，按"清除"键、"准备"键，等待 10min 后，数字显示器最后一位闪动时再按上述方法测量和调节，直到正常值为止。

8.7 仪器功能及参数设置

8.7.1 仪器面板参数设置

（1）参数设置内容

通过仪器面板设置的参数主要有自动测量、手动测量以及标定状态转换、日期、时间、数采号、台站代码、采样体积、仪器的格值（即 K 值）、延时时间、采样率、打印设置等。

（2）参数设置方法

①仪器的操作键。

a. "选项"键：用于选择需要设置的参数项。

b. "通道"键：在预置状态下，设置各通道打印许可；在自动测量工作状态下，查看各通道的参数。

c. "定位"键：在预置参数时，选定预置参数位。

d. "步进"键：在设置某一个参数项时向上方加数。

e. "步退"键：在设置某一个参数项时向下方减数。

f. "状态"键：用于选择预置、标定、自动、手动等工作状态。

g. "清除"键：在工作状态下用于 A 值的清零，标定时存储测值和改变标定序号。

h. "测量"键：进行手动测量及标定时启动测量控制。

i. "打印"键：启动打印功能打印数据。

j. "准备"键：在手动测量或标定时启动测量程序，仪器预热，在自动测量状态下按此键可关闭数字显示器。

②仪器参数设置。

a. 自动测量的基本操作。

按"状态"键，预置灯亮，仪器进入预置工作状态；按"选项"键，选择自动测量要设置的参数项。

（a）序号 00 系统时钟设置项。

序号 00 系统时钟设置项显示的是当前北京时间，左边开始第一、二位 "00" 为设置项序号，不用设置，第三、四位为时位，第五、六位为分位，第七、八位为秒位。当要校正时间时，按"定位"键，修改位闪动，用"步进"或"步退"键修改时间。如不再修改其他设置项，按"状态"键至自动灯亮，仪器进入自动测量工作状态。

例如，预置时间为 6 时 29 分 32 秒。

具体操作如下。按"状态"键进入设置状态。第三、四位闪动，按"步进"键，使该位显示 "06"；按"定位"键，使第五、六位闪动，按"步进"键，使该位显示 "29"；按"定位"键，使第七、八位闪动，按"步进"键，使该位显示 "32"。时间预置完成后，按"选项"键，选择下一预置参数项。

（b）系统日期 1 000000 设置项。

左边开始第一位 "1" 为设置项序号，不用设置，第二、三位为年位，第四、五位为月位，最后两位为日位。在闪动位置预置具体的数值。

例如，预置日期为 2001 年 1 月 1 日。

具体操作如下。第二、三位闪动，按"步进"键，使该位显示 "01"；按"定位"键，使第四、五位闪动，按"步进"键，使该位显示 "01"。按"定位"键，使第六、七位闪动，按"步进"键，使该位显示 "01"。日期预置完成后，按"选项"键，选择下一预置参数项。

（c）数采号 2 00 设置项。

按"步进"键，在闪动位置预置本仪器在台站的编号，仪器号不得超过两位。数采号预置完成后，按"选项"键，选择下一预置参数项。

（d）台站代码 3 00000 设置项。

第一位 "3" 为台站代码设置项，不用设置，显示器右边五位为数值设置位。

例如，台站代码位为 47002，现在闪动位置预置 4，按"定位"键，按"步进"或"步退"键，在第三、四位闪动位置预置 70，按"定位"键，按"步进"或"步退"键，在第五、第六位闪动位置预置 02，此时预置完成，按"选项"键，选择下一项参数。

（e）采样体积 4 01 设置项。

仪器初始的采样体积定为 1L/min。本项显示的是分钟值，最大调节范围 1 ~ 5min。预置完成，按"选项"键，选择下一项参数。

（f）仪器的格值（即 K 值）。

序号"5"为仪器的格值设置项。初始默认值为" 02.50"，标定后自动刷新为新标定的值；仪器断电后，再次使用时需重新设置 K 值；数据的有效位是四位，小数点在第二位。按"定位"键，按"步进"或"步退"键，在闪动位置预置具体的数值，此时预置完成，按"选项"键，选择下一项参数。

（g）序号 06 延时时间设置项。

在水汞人工测量时，用来控制捕汞管加热时间，或在标定测量时，用来控制按下"测量"键时刻至泵启动的间隔时间。显示器右边最后两位亮，中间的四位不亮。数据的有效位为两位。按"定位"键，按"步进"或"步退"键，在闪动位置预置具体的数值。完成预置后，按"选项"键，进入下一设置参数项。

（h）序号 07 采集率设置项。

最后两位为一自然天内自动测量的次数。当显示为"7"时，显示器右边最后两位亮，中间的四位不亮。它只在进行自动测量时使用，每天最多的测量次数为 24 次，可在 4、6、8、12、24 次内任选。按"定位"键、"步进"或"步退"键，在闪动位置预置所需测量次数，按"选项"键，进入下一参数设置项。

（i）序号 08 打印日期设置项。

生产测试用，用户不使用该项。

（j）序号 09 打印时间设置项。

生产测试用，用户不使用该项。

（k）打印通道的设置。

打印通道的设置无序号，只在预置状态下，按"通道"键，数字显示器显示通道号，如"CH0""CH1""CH2"等，将需要打印的通道设置为"1"，不需要打印时设为"0"。

注意事项：每天的测量次数是以零点为基准设定的，测量次数是有规定的，可根据实际情况在 4、6、8、12、24 次内选择，超出范围则仪器将不能正常工作；仪器上的采样流量计要经常察看调整，使流量总保持在 1L/min，需要改变采样体积时只需改变采样分钟值；在调整仪器后一定要把仪器设置为自动测量工作状态，否则仪器不能工作。

b. 手动测量基本操作。

手动测量用于检出限、灵敏度、精确度等仪器技术指标的检测和标定。按"状态"键，使手动测量状态指示灯亮，仪器便进入手动测量工作状态。按"清除"键和"准备"键，预热状态指示灯亮，预热 30min 后即可进行检出限、灵敏度、精确度等仪器技术指标的手动检测操作。

序号 06 为延时时间设置项。其功能是调节按下"测量"键时刻到气泵启动的间隔时间，出厂时间隔时间为默认值，一般用户不必再调整。

c. 标定工作状态操作。

按"状态"键至标定状态灯亮，即进入标定工作状态。前面板显示器左边显示的三条横线为标定标志，右边三位显示的"2.50"为默认 K 值。按"准备"键，预热灯亮，仪器进入预热状态，30min 后进行标定。

d. 仪器主页设置。

管理员和超级用户可以通过"工作参数"页面检查和设置仪器的工作参数，如图 8.7.1 所示。工作参数主要包括"仪器 ID""台站代码""测项分量代码"以及"网络参数"等。

"仪器 ID"的前八位保持不变，后四位可以进行修改。

8.7.2　WEB 网页参数设置

打开 IE 浏览器，在地址栏中输入仪器的 IP 地址，就可以进入仪器的主页了。

（1）仪器参数（图 8.7.1）

网络参数：IP 地址为"192.168.001.002"，子网掩码为"255.255.255.000"，网关为"192.168.001.001"，端口数为"3"，端口号为"81"。

表述参数：台站代码为"14014"，设备 ID 为"X411IOES4001"，经度为"123.40"，纬度为"40.01"，高度为"1090"。

测量参数：采样体积为"01"（1L）、K 值为"02.50"，采样率为"24"（次／天）。

打印日期及自动打印时间可不设。

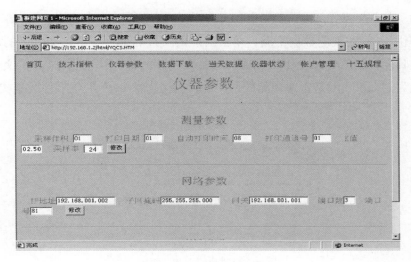

图 8.7.1　"仪器参数"页面

这些参数都可以在网页上修改，但需要管理员级权限。

（2）仪器状态（图 8.7.2）

通过"仪器状态"页面，用户可以检查仪器的工作状态，包括内部时钟和当前测量数据等。通过此页面，用户还可以对仪器的内部时钟进行设置，包括人工设置和自动设置两种方式。

图 8.7.2　"仪器状态"页面

（3）数据下载（图 8.7.3）

提供 15 天的观测数据下载，单击对应的文件名即可下载。文件名的后八位数字是日期，如"4600101X06020061214.epd"为 2006 年 12 月 14 日的文件。文件后缀为".epd"的是正常观测数据文件，后缀为".evt"的是事件数据文件。

图 8.7.3 "数据下载"页面

（4）账户管理

本系统管理权限分为普通用户、管理员、超级用户。在界面文本框中输入用户名和密码，单击"提交"按钮，可以修改用户名和密码。此项操作需要超级用户权限。除非特别说明，网页浏览只需要普通用户权限。

8.7.3 FTP 文件传输功能

使用"LeapFTP.exe"登录，输入 IP 地址、用户名、密码、端口，可实现数据下载、软件的更新及文件的上传等操作，登录界面如图 8.7.4 所示。

图 8.7.4 仪器 FTP 登录界面

8.7.4　数据存储 / 读取 / 传输

RG-BQZ 型测汞仪（PC104）中存放有许多数据文件，可供检查或调用。这些数据文件在 RGBQZ 子目录下。

（1）每小时从下位机收集的数据（二进制）

位置和文件名：ORG\ 台号 + YYYYMMDD.ORG，例如"9999220060207. ORG"。

数据格式：F9 08 07（数据头）小时（二进制数据）。

（2）23h 测量后从下位机收集的一天完整的二进制数据

位置和文件名：ORG\ 台号 +08X060+YYYYMMDD.ORG，例如"9999208X 06020060207.ORG"。

其中，99992——台站代码；08X060——测汞仪。

数据格式：与"九五"数据格式一致。

（3）一天完整的数据 ［网络格式，内容与（2）一致］

位置和文件名：DEC\ 台号 +00X001+ YYYYMMDD.EPD；

数据格式：9 列。

（4）仪器运行日志

位置和文件名：LOG\YYYYMMDDLOG.INI；

数据格式：对 ERROR 的解释。

（5）网络运行日志

位置和文件名：LOG\YYYYMMDD.LOG；

数据格式：按网络规程的要求。

注意事项如下。

①一般情况下不要修改、删除这些文件，特别是不能删除子目录，否则会丢失数据。

②"YYYY"代表年份，"MM"代表月份，"DD"代表日，例如 2006 年 3 月 11 日表示为"20060311"。

8.7.5　系统主要配置文件

精简 Windows98 操作系统配置在 PC104 工控机卡上，所有系统文件保存于安装路径"C:\RGBQZ"下。

RG-BQZ 型测汞仪系统的主要配置文件是"web.int"。该文件在

"RGBQZ"文件夹内。其主要内容包括：仪器网页的登录密码信息、仪器 ID、台站信息、网络 IP、仪器实时的测量参数、仪器的默认（缺省）测量参数等信息。

仪器每 10min 对配置文件 "web.int"中实时的测量参数自动更新一次，在网页上或系统显示器上修改仪器网页登录密码、网络 IP、仪器 ID、台站信息，通过面板上传测量参数或在系统显示器上读取仪器测量参数，都将更新配置文件。

"commSetup.txt"文件为串口通信参数配置文件，包括波特率、数据位、停止位和奇偶校验位等参数。

8.8 仪器校测标定

8.8.1 标定前的准备工作

（1）把饱和汞发生器从室外移到仪器室内，把温度传感器插入饱和汞发生器孔内；

（2）标定前 4h 用无水乙醇清洗 10μL、100μL 微量注射器，确认不堵塞、不漏气，反复抽几次饱和汞蒸气，最后抽满饱和汞蒸气放置待用；

（3）连接打印机，在手动状态下按"打印"键，试试能否打印；

（4）使用前用手紧握注射器，使它接近体温，再反复抽几次饱和汞蒸气；

（5）仪器预热 30min 后才能进行检查、标定工作。

8.8.2 仪器检测

（1）检出限 DL 的检测

饱和汞蒸气体积_____mL，汞瓶温度_____℃，汞重量_____ng，将____ng 的饱和汞蒸气注入仪器进样口 12 次，测量结果见表 8.8.1。

表 8.8.1 检出限 DL 的检测表

测量次数	1	2	3	4	5	6	7	8	9	10	11	12	平均值 $\overline{A}$
测量值 A													

均方差 $\sigma = \sqrt{\dfrac{\sum\limits_{i=1}^{n}(A-\overline{A})^2}{n-1}} =$

检出限 $DL = \dfrac{2 \times \sigma \times G_{Hg}}{\overline{A}} =$

（2）灵敏度 S 的检测

饱和汞蒸气体积为_____mL，汞瓶温度_____℃，汞重量_____ng，将_____ng 的饱和汞蒸气注入仪器进气口 12 次，测量结果见表 8.8.2。

表 8.8.2　灵敏度 S 检测表

测量次数	1	2	3	4	5	6	7	8	9	10	11	12	平均值 $\overline{A}$
测量值 A													

$$灵敏度\ S = \frac{0.0044 \times G_{Hg}}{\overline{A}} =$$

（3）精密度的检测

$$RSD = \frac{\sigma}{A} \times 100\% =$$

8.8.3　仪器标定

标定的主要目的是取得仪器工作灵敏度，即仪器显示的 1 个数字所相当的汞量，以便换算出被测样的汞浓度。通过对仪器进行标定，用户还可以了解仪器性能是否发生了变化。

通过分别在仪器进样口注入 0.02mL（两次）、0.04mL（两次）、0.06mL（两次）、0.08mL（两次）、0.09mL（1 次）和 0.1mL（1 次）的饱和汞蒸气，记录测值，来进行标定。

（1）第一步操作

第一次操作：从仪器进样口注入 0.02mL 饱和汞蒸气。

按"清除"键，数字显示器左侧两位显示的"01"表示注射饱和汞蒸气次数序号，表示使用者目前进行的是第一步第一次注射。用 0.1mL 注射器准确抽取 0.02mL 的饱和汞蒸气后，把针头插到 RG-BQZ 型测汞仪后面板的进样口内，按"测量"键，泵启动，立刻注射饱和汞蒸气，3～5s 后泵停止，捕汞器开始加热，数秒后泵再次启动进行测量，几秒后泵停止，A 值显示在数字显示器右边，本次测量结束。如认定此次操作有误，不要按"清除"键，先清洗捕汞管和气路，按"测量"键，不注汞蒸气重复测量一次，泵停止后测得的 A 值显示在数字显示器右边，底数仍较大时可再测量一次，如底数不大，则打开后面板的风扇开关，给捕汞管降温约 1min，后关闭风扇开关，再用 0.1mL 注射器准确抽取 0.02mL 的饱和汞蒸气，按上述方法重复注射一次。如认定操作无误，按"清除"键，数字显示器左边显示标定序号 2 并自动存储该测值，右边立即显示"00.0001"或其他 10 以内的数字且在最后一位调整。

第二次操作：从仪器进样口注入 0.02mL 饱和汞蒸气。

先清洗捕汞管和气路，按"测量"键，不注汞测量一次，泵停止后测得的 A 值显示在数字显示器右边，底数较大时可再测量一次，如底数不大，则打开后面板的风扇开关，给捕汞管降温约 1min，后关闭风扇开关，用 0.1mL 注射器准确抽取 0.02mL 的饱和汞蒸气，把针头插到 RG-BQZ 型测汞仪后面板的进样口内，按"测量"键，泵启动，立刻注射饱和汞蒸气，3～5s 后泵停止，捕汞器开始加热，数秒后泵再次启动进行测量，几秒后泵停止，A 值显示在数字显示器右边，本次测量结束。按"清除"键，数字显示器左边显示标定序号 3 并自动存储该测值，右边立即显示"00.0001"或其他 10 以内的数字且在最后一位调整。如认定此次操作有误，按前述方法处理。

（2）第二步操作

用同样的方法分别在进样口注入 0.04mL（两次）、0.06mL（两次）、0.08mL（两次）饱和汞蒸气。

（3）第三步操作

第三次操作：从仪器进样口注入 0.09mL 饱和汞蒸气。

先按前述方法清洗捕汞管和气路，底数合格后则打开后面板上的风扇开关，给捕汞管降温约 1min，后关闭风扇开关，用 0.1mL 注射器准确抽取 0.09mL 的饱和汞蒸气，把针头插到 RG-BQZ 型测汞仪后面板的进样口内，按"测量"键，泵启动，立刻注射饱和汞蒸气，3～5s 后泵停止，捕汞器开始加热，数秒后泵再次启动进行测量，几秒后泵停止，A 值显示在数字显示器右边，本次测量结束。如按"清除"键，数字显示器左边显示标定序号 10 并自动存储本次测值，右边立即显示"00.0001"或其他 10 以内的数字且在最后一位调整。如认定此次操作有误，按前述方法处理。

第四次操作：从仪器进样口注入 0.1mL 饱和汞蒸气。

先按前述方法清洗捕汞管和气路，底数合格后则打开后面板上的风扇开关，给捕汞管降温约 1min，后关闭风扇开关，用 0.1mL 注射器准确抽取 0.1mL 的饱和汞蒸气，把针头插到 RG-BQZ 型测汞仪后面板上的进样口内，按"测量"键，泵启动，立刻注射饱和汞蒸气，3～5s 后泵停止，捕汞器开始加热，数秒后泵再次启动进行测量，几秒后泵停止，A 值显示在数字显示器右边，本次测量结束。

按"清除"键，数字显示器左边显示标定符，右边显示新标定出的仪器 K 值同时自动存储，按"打印"键打印出标定结果，标定结束。

8.8.4　标定应注意的问题

饱和汞蒸气注入的快慢应尽量保持一致，标定过程中不能换注射器；每完成一次测量，应按介绍的方法清洗捕汞管和气路，清除记忆本底；标定前必须检查捕汞器等与气路有关的部件是否漏气，必须清洗注射器，保证不堵塞、不漏气，必须更换饱和汞发生器抽样孔内的套管，饱和汞发生器必须进行保温处理。

8.8.5　标定数据的记录及计算

按照规范要求，进行仪器线性检测、确定 K 值。按照标定检测记录表格式，填写记录标定数据，详见表 8.8.3、表 8.8.4。

表 8.8.3　仪器线性第（　　）次检测记录

室温＿＿＿＿＿（℃）　汞瓶温度＿＿＿＿＿（℃）　汞蒸气密度＿＿＿＿＿（ng/mL）

序号	注入汞气体积 /mL	注入汞量 /ng	仪器测试读数 A			两次读数相对误差 (%)	仪器 K_i 值 /(ng/ 字)
			A_1	A_2	$A_{平均}$		
1							$K_1 =$
2							$K_2 =$
3							$K_3 =$
4							$K_4 =$
5							$K_5 =$
注入汞量 (ng) 与 $A_{平均}$ 的标定曲线							
测试结果计算及说明	本次测定最大 K 值与最小 K 值相对误差为＿＿＿＿＿% 本次测定 $K_{(A, B, C, \cdots)}$ 值＝（ $K_1 + K_2 + K_3 + K_4 + K_5$ ）÷5 ＝ ＿＿＿＿ng/ 字 $K_{(A, B, C, \cdots)}$ 分别表示第 × 次线性检测（分别记录）分别计算的 K 值						

测试人：　　　　　校核人：　　　　　测试时间：　　　年　月　日

表 8.8.4　标定 K 值的确定

测试顺序及 K 值	原始测试数据粘贴处
第一次测试 $K_1 =$	打印结果：
第二次测试 $K_2 =$	打印结果：
第三次测试 $K_3 =$	打印结果：

本次标定计算结果与 K 值的确定：

本次标定的 K 值 =（$K_1 + K_2 + K_3$）÷ 3=_____ng/ 字

仪器的原 K 值 = _____ng/ 字

本次标定的 K 值与仪器的原 K 值的相对误差为_____ %

结论性意见及存在的问题：

标定人：　　　　　　　校核人：　　　　　　　　台站技术负责人：

标定时间：_____年___月___日

8.9　常见故障及排除方法

针对全国地下流体台网中 RG-BQZ 型测汞仪的故障现象、可能的故障原因及排除方法，结合专家和监测技术人员提供的信息，整理出 RG-BQZ 型测汞仪常见故障甄别与排除方法一览表（表 8.9.1），以及故障维修实例（详见 8.10 节），供观测维修人员参考。

表 8.9.1　RG-BQZ 型测汞仪常见故障甄别与排除方法一览表

序号	故障单元	故障现象	故障可能原因	排除方法
1	供电	不能正常连接，仪器面板无显示，指示灯全灭	开关电源、主板、交流插头松动等故障	检查交流插头是否松动，打开主机箱上盖板，检查开关电源交流输入端有220V，5V、12V无输出，确定开关电源故障，更换同型号开关电源
2		泵不启动	5V 电源模块故障	检查是否有5V电压，无电压时应检查泵源线是否断开；检查5V稳压电源是否损坏，光电隔离器是否损坏
3	主机	观测数据突然下降，供电正常，面板显示正常	捕汞管故障	检查机箱内金丝管时发现捕汞管内金丝偏离中心位置，造成脱汞效率下降，用针头将金丝管推回到原来位置后观测数据恢复正常
4		零点漂移较大	汞灯、光电倍增管连接线故障	应检查汞灯、光电倍增管连接线是否牢固，重新插拔
5		显示器上的读数不稳，乱跳数	光电倍增管故障	应检查汞灯、光电倍增管连接线是否牢固，重新插拔
6		标定时数据重复性不好	标定时注汞气速度原因	操作者注汞气速度不一致，计时练习后重新标定
7			注射器原因	微量注射器受到污染、发生堵塞或漏气，更换注射器后重新标定
8			饱和汞蒸气体积一致性不好	准确抽取饱和汞蒸气体积
9			汞污染	室内有汞污染或仪器内气路受到污染
10		抽气泵一直抽气，断电重启后仍继续抽气，测值为空值，面板显示正常	程序存储芯片故障	该仪器的测量参数均存储在主板的DS12C887芯片内，更换该芯片后仪器恢复正常
11		连续测试数据都为0.008不变，检查仪器网页参数、面板参数正常	透过率电压值超限	测量透过率电压值超过2.5V，调节透过率电位器，使电压在1.77V左右
12		测值为0.008不变，面板显示及测试过程正常，主板R2端无电压且不可调	主板故障	测量电压板上光电倍增管供电端和汞灯供电端，均有负高压电压且可调，判断为主板故障，更换主板后，仪器恢复正常
13		测值为0.008不变，面板显示及测试过程正常	汞灯高压模块故障	发现汞灯高压模块无输出，确定汞灯高压模块故障，进行更换并调节R2电阻一侧对地的电压值到1.7~1.8V之间

续表

序号	故障单元	故障现象	故障可能原因	排除方法
14	主机	标定仪器时吸光度值较小，导致 K 值太大	捕汞管漏汞	更换捕汞管并多次净化捕汞管后，再次取 100mL 饱和汞蒸气至仪器后面板进样口，按"测量"键，延迟 1s 后注入，显示屏显示的吸光度值应在 0.02 以内，说明捕汞管吸附汞能力基本正常
15	通信单元	"ping"正常，可登录网页，可用 FTP 登录，但不能通过管理系统正常收数	"WEB.INI"文件中仪器密码变为"NULL"	使用 FTP 登录，检查"WEB.INI"文件中仪器密码是否变为"NULL"，下载该文件，变"NULL"为"01234567"，保存，上传覆盖原文件，用网页登录重启
16		"ping"仪器 IP 掉包，连通时 FTP 可登录，不能登录网页，不能正常收数	主机内 PC104 工控机主程序崩溃	可远程处理，ping 通时 FTP 登录上传"rgbqz.exe"主程序至"update"文件夹下，重启后正常
17		不能正常连接，仪器面板显示正常	Windows98 系统崩溃	外接显示器黑屏，排查出 PC104 工控机故障，将 CF 卡取出，用读卡器读取数据正常，用"usboot.exe"软件重新恢复 CF 卡，CF 卡插回 PC104 后通电，系统正常启动，重新设置该台站及仪器参数
18	其他	高压倍增管底座各管脚无电压	高压线缆断损	检查更换高压连接线缆
19		无测值	高压倍增管底座故障	检查更换高压倍增管底座电阻

8.10　故障维修实例

8.10.1　电源故障导致仪器无法启动

（1）故障现象

不能正常连接，仪器面板无显示，指示灯全灭。

（2）故障分析

开关电源、主板、交流插头松动等故障。

（3）维修方法及过程

检查交流插头未松动，打开主机箱上盖板，检查开关电源交流输入端有

220V，而 5V、12V 无输出，确定开关电源故障，更换同型号开关电源后正常。

8.10.2 汞灯高压模块故障导致测值不变

（1）故障现象

测值为 0.008 不变，面板显示及测试过程正常。

（2）故障分析

在整点测试时，测试电路未提供正常电压进行测试，主板、汞灯高压模块、光电倍增管负高压模块、汞灯、光电倍增管均可能存在故障。

（3）维修方法及过程

打开主机上盖板，将工作状态调为手动，在预热状态下检查汞灯高压模块、光电倍增管负高压模块输出端，应为 180 ~ 240V 之间，可打开左侧汞灯，检查是否点亮（注意：预热状态下不能打开右边的光电倍增管，以免烧坏）。发现汞灯高压模块无输出，确定汞灯高压模块故障，进行更换并调节 R2 电阻一侧对地的电压值到 1.7 ~ 1.8V 之间。

需检查仪器检出限、精密度等，不满足要求时需调节汞灯高压模块特性。

8.10.3 捕汞管金丝偏离中心位置导致测值下降

（1）故障现象

观测数据突然下降，供电正常，面板显示正常。

（2）故障分析

气路漏气、抽气泵故障或流量减小、仪器工作点漂移、捕汞管吸附力降低或损坏等。

（3）维修方法及过程

检查气密性和抽气流量等均正常，最后在检查机箱内金丝管时发现捕汞管内金丝偏离中心位置，造成脱汞效率降低，用针头将金丝推回到原来位置后，观测数据恢复正常。

8.10.4 气泵不工作

（1）故障现象

测量时气泵不工作，仪器其他功能正常。

（2）故障分析

开关电源 5V 输出与电动机连接线路故障、抽气泵电动机故障等。

（3）维修方法及过程

断开电源，打开气汞仪器机箱，检查所有插头接口未松动；开机检查，开关电源5V输出正常，将仪器调整至标定状态，按"测试"键，用万用表测量抽气泵电动机两端电压，没有电压，表明电压未正常至抽气泵电动机；按"测试"键，用万用表测试电源板上靠近前面板黑色的电磁阀右端电压，有5V输出，检查电源板接头与电动机连线，发现接头处断开，焊接处理后电动机工作正常，但抽气流量较小，发现气泵橡胶开裂，更换改制的抽气泵（图8.10.1）。检查测试参数正常。

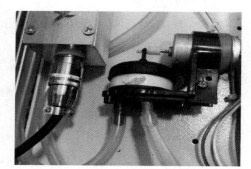

图8.10.1　RG-BQZ型测汞仪
改制的抽气泵

8.10.5　时钟芯片故障导致仪器无法正常启动

（1）故障现象

抽气泵一直抽气，断电重启后仍继续抽气，测值为空值，面板显示正常。

（2）故障分析

参数错误导致仪器死机，主板与PC104不能通信。

（3）维修方法及过程

检查参数发现乱码，重新设置参数，第七项应为"24"，但设置后重新查看仍是乱码，更换主板上12C887时钟芯片后重新设置参数，仪器恢复正常。

检查发现测量参数第二、七项不是正常值"01""24"，重新设置后断电重启，该参数不能记忆。由于第二项是保证仪器主板与PC104正常通信的重要参数，参数变化后造成仪器主板与PC104不能正常通信及不能正常测试，故造成测值为空值（null）。

该仪器的测量参数均存储在主板的DS12C887芯片内，更换该芯片并重新设置参数后仪器恢复正常工作。

8.10.6　运行程序崩溃导致网络无法访问

（1）故障现象

"ping"间歇正常，ping通时FTP可登录，不能登录网页，不能正常收数。

（2）故障分析

主机内 PC104 工控机主程序崩溃。

（3）维修方法及过程

可远程处理，ping 通时立即 FTP 登录上传 "rgbqz.exe" 主程序至 "update" 文件夹下，重启后能够正常工作。

8.10.7　透过率电压值超限导致测值不变

（1）故障现象

连续测试数据都为 0.008 不变，检查仪器网页参数、面板参数正常。

（2）故障分析

汞灯、光电倍增管、汞灯高压模块、光电倍增管负高压模块故障，透过率电压值超限等。

（3）维修方法及过程

打开仪器上盖板，通电按"选项"键至手动灯亮，按"准备"键预热灯亮，10min 后用万用表负表笔接机箱，正表笔接主板左侧 R2 电阻左端，测量透过率电压值超过 2.5V，调节透过率电位器，使电压在 1.77V 左右，按"准备"键，预热灯灭，重新启动后在整点测试时再次测量，透过率电压值正常，整点测值正常，仪器恢复正常工作。

8.10.8　控制透过率电路故障导致测值不变

（1）故障现象

测值为 0.008 不变，面板显示及测试过程正常，主板 R2 端无电压且不可调。

（2）故障分析

在整点测试时，测试电路未提供正常测试电压，主板、汞灯高压模块、光电倍增管负高压模块、汞灯、光电倍增管均可能存在故障。

（3）维修方法及过程

将仪器置于手动预热状态，测量电压板上光电倍增管供电端和汞灯供电端均有负高压电压且可调，判断为主板故障，更换主板后，仪器恢复正常。

8.10.9　捕汞管漏汞导致测值下降

（1）故障现象

每年年底按要求需对仪器进行检出限、精密度、灵敏度检查及 K 值标定，检查仪器时测试数据满足规范要求，但标定仪器时吸光度值较小，导致 K 值过大。

（2）故障分析

捕汞管漏汞可能导致标定时吸光度值较小，导致 K 值过大。

（3）维修方法及过程

按"状态"键至手动灯点亮，按"准备"键预热灯亮，30min 后检查透过率电压值正常后，按"清除"键，使显示屏显示吸光度值，取 100mL 饱和汞蒸气，准备至仪器后面板进样口，按"测量"键延迟 1s 后注入，显示屏显示吸光度值在 0.836 左右，说明捕汞管严重漏汞。更换捕汞管，并多次净化捕汞管后，再次取 100mL 饱和汞蒸气，准备至仪器后面板进样口，按"测量"键延迟 1s 后注入，显示屏显示吸光度值在 0.02 以内，说明捕汞管吸附汞能力基本正常。按标定程序进行正常标定。

在"十五"期间购置的捕汞管由四个金丝球制作而成，使用时间较短，通过漏汞情况检查可继续使用；若严重漏汞，则需要更换，打开换下的捕汞管进行检查，一般能够发现金丝已成球形。厂家后期生产的捕汞管采用三球四饼制作而成，但外壁较厚，需用 15V 左右供电才可将捕汞管中预富集的汞释放出来，因此需更换 15V 开关电源，或采用 12D15 模块升压接入捕汞管。

8.10.10 配置文件错误导致无法收数

（1）故障现象

"ping"仪器主机 IP 正常，可登录网页，可用 FTP 登录，但不能通过管理系统正常收数。

（2）故障分析

"WEB.INI"文件中的仪器密码变为"NULL"。

（3）维修方法及过程

使用 FTP 登录，检查"WEB.INI"文件中的仪器密码是否变为"NULL"，下载该文件，将"NULL"改为"01234567"，保存，上传覆盖原文件，用网页登录，重启后恢复正常。

8.10.11 CF 卡故障导致网络无法连接

（1）故障现象

不能正常连接网络，仪器面板显示正常。

（2）故障分析

网线接触不良、PC104 故障、CF 卡损坏及 Windows98 系统崩溃等。

（3）维修方法及过程

检查同一交换机下其他仪器，网络连接正常，排除交换机及路由器故障的可能；现场检查主机面板工作正常，参数设置正常，外接显示器黑屏，排查出 PC104 工控机故障，将 CF 卡取出，用读卡器读取数据正常，用"usboot.exe"软件重新恢复 CF 卡，CF 卡插回 PC104 后通电，系统正常启动，重新设置该台站及仪器参数。

网络不通的问题还可能是网线接触不良（网口跳针未正常调回）、PC104 故障、CF 卡损坏等导致。

9 WYY-1 型气象三要素仪

9.1 简介

WYY-1 型气象三要素仪由中国地震局地壳应力研究所研制生产。该仪器的气温传感器采用 PT100 三线制铂电阻传感器，气压传感器采用压力传感器，雨量传感器采用翻斗式雨量传感器。该仪器具有功能强、存储量大、可靠性高和数据传输方便等优点。

9.2 主要技术参数

（1）气温

测量误差：≤ ±0.1℃；

分辨率：0.01℃；

测量范围：-50 ~ 50℃。

（2）气压

测量误差：≤ 0.2%F.S；

分辨率：0.1hPa；

测量范围：0 ~ 1100hPa。

（3）雨量

测量误差：≤ ±4%；

分辨率：0.1mm；

测量范围：<4mm/min。

（4）采样率

采样率为 1 次 /min。

9.3 测量原理

9.3.1 雨量测量原理

仪器由承水器、上翻斗、汇集漏斗、计量翻斗（下翻斗）和干簧管等组成。

承水器收集的降水通过承水口汇集为液态降水后进入上翻斗，当汇集到一定量时，水本身的重力作用使上翻斗翻转，降水进入汇集漏斗。降水从汇集漏斗的节流管注入计量翻斗时，就把不同强度的自然降水，调节为比较均匀的降水强度，减弱了由于降水强度不同翻斗翻动时造成的测量误差。当计量翻斗达到额定容量时（与承水器口径对应），计量翻斗倾倒降水到计数翻斗，使计数翻斗翻转一次。计数翻斗在翻转时，与它相应的磁钢对干簧管扫描一次。干簧管因磁化而瞬间闭合一次，发出一个脉冲信号，从而实现对降水总量的计量功能。

9.3.2　温度测量原理

温度传感器主要由铂电阻感温元件、绝缘护管、内部连接线及用于连接二次仪表的外部导线组成。铂电阻感温元件是按照 IEC751 国际标准生产的 Pt100。传感器利用金属铂丝的电阻随温度单值变化的特性来测量温度。

9.3.3　气压测量原理

该气象三要素仪的气压传感器为一个 PTB-2D 模拟气压表，采用电容式敏感元件和独立的 IC 模拟电路，通过热稳定玻璃熔融陶瓷敏感腔结合电容式电荷平衡 IC 电路——当压力变化时，敏感腔产生微小变形，从而使电容值发生变化，再配合电容式电荷平衡 IC 电路，并转换成线性直流电压输出信号，实现对压力的测量。

9.4　仪器构成

WYY-1 型气象三要素仪由主机和传感器两部分组成。传感器由专业厂家生产，主机采用"九五"前兆公用数据采集器 A/D 转换技术和工控机主板。仪器整机外观如图 9.4.1 所示。

图 9.4.1　WYY-1 型气象三要素仪外观图

（1）前面板

前面板有 3 个指示灯和 1 个复位按钮。系统状态用绿色指示灯指示，每秒闪烁一次，表示系统运行正常。直流电源和交流电源用红色指示灯指示，供电正常时灯亮，供电异常时灯灭。复位按钮提供现场复位功能。前面板如图 9.4.2 所示。

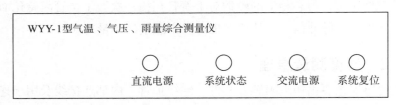

图 9.4.2　WYY-1 型气象三要素仪前面板

（2）后面板

后面板有交直流电源输入插座，RS-232，RJ45 接口，气温、气压、雨量传感器输入接口。其中，RS-232 为 9 针 D 型标准插座，RJ45 为标准网络接口，气温、气压传感器输入接口采用 5 芯航空插座，雨量传感器输入接口为 3 芯插座，如图 9.4.3 所示。

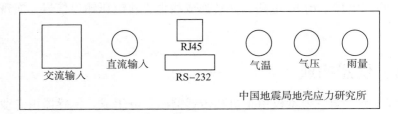

图 9.4.3　WYY-1 型气象三要素仪后面板

（3）内部结构

WYY-1 型气象三要素仪的内部结构零部件主要有开关电源模块、仪器主板。开关电源将 220V 交流电转化为 12V 直流电，为观测系统提供 12V 直流电源；主板具有数据采集、转换和存储以及整个观测系统的控制、网络接口功能。

（4）主板

仪器主板以 PC104 工业控制机为核心，扩展相应的功能电路和各类接口电路，如图 9.4.4 所示。

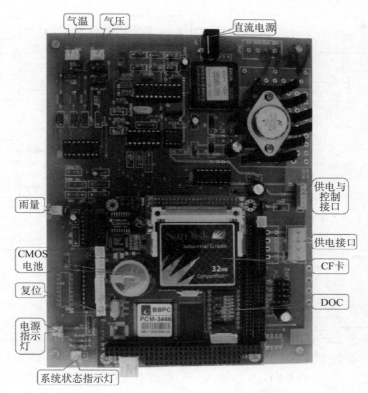

气温　气压　直流电源　供电与控制接口　供电接口　CF卡　DOC　雨量　CMOS电池　复位　电源指示灯　系统状态指示灯

图 9.4.4　WYY-1　型气象三要素仪主板

9.5　电路原理及图件

9.5.1　电路原理框图

WYY-1 型气象三要素仪电路原理框图如图 9.5.1 所示，主控采用 PC104 工业控制机，扩展设计相应的功能电路。

9.5.2　电路原理图介绍

（1）气温、气压、电源监测信号处理及多路转换控制电路

该电路见图 9.5.2。

（2）雨量信号处理及译码电路

该电路见图 9.5.3。

（3）斩波放大及 A/D 电路

该电路见图 9.5.4。

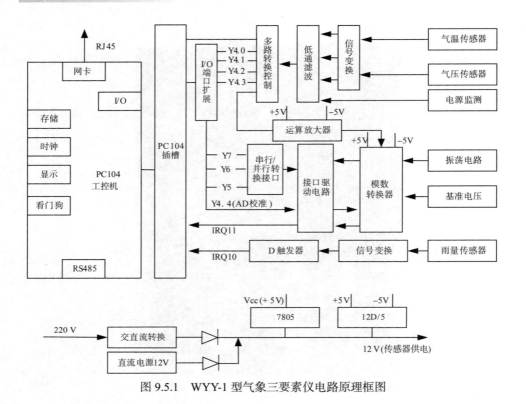

图 9.5.1　WYY-1 型气象三要素仪电路原理框图

（4）接口电路

该电路见图 9.5.5。

（5）串行 / 并行转换接口电路

该电路见图 9.5.6。

9.6　仪器安装

9.6.1 场地选择

①场地应选择在开阔地带，周围无建筑物、大树、障碍物等遮挡，避开陡坡、凹陷等地。

②仪器周边设置护栏，护栏高度以不超过 50cm 为宜，形状美观，与环境协调。

③承雨器安置墩一般用水泥构筑，外形为圆柱体或菱形柱体，坚实、稳定、墩面平整，高度以 50cm 为宜。

④气温传感器应置于百叶箱内，百叶箱安置在室外避光、防雨、通风位置，高出地面 1.25 ～ 2m 为宜；百叶箱地面应为草坪或自然地面。

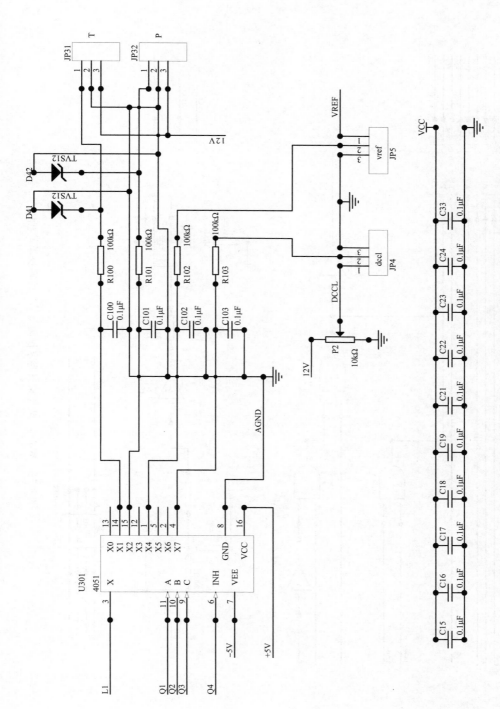

图 9.5.2 WYY-1 型气象三要素仪温、气压、电源监测信号处理及多路转换控制电路

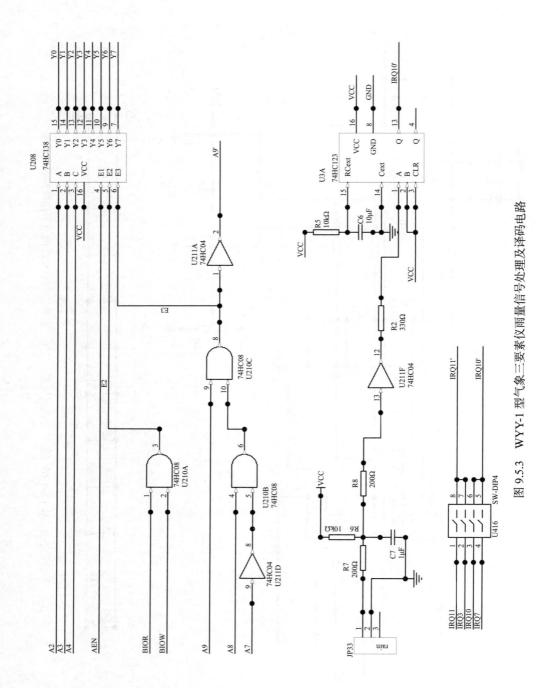

图 9.5.3　WYY-1 型气象三要素仪雨量信号处理及译码电路

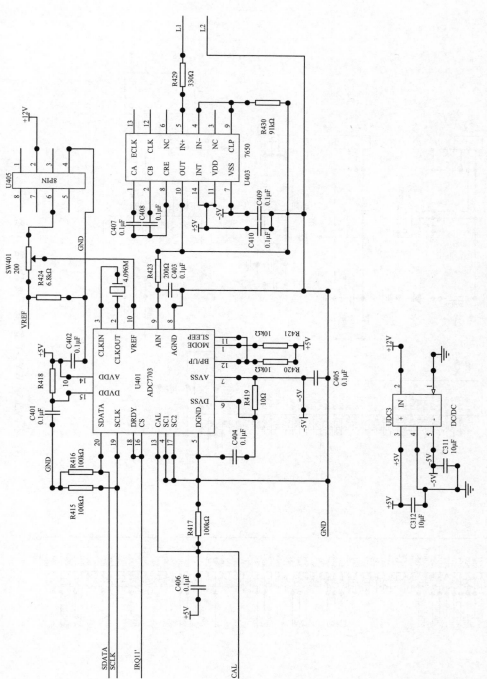

图9.5.4 WYY-1型气象三要素仪斩波放大及A/D电路

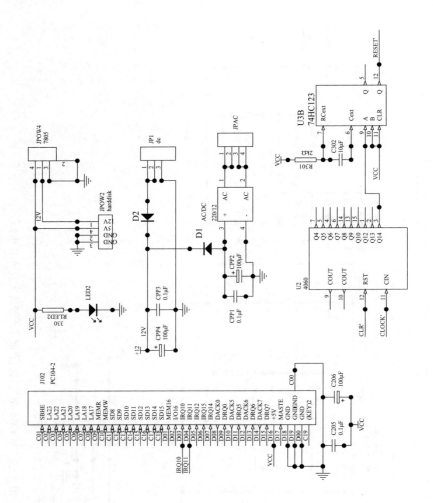

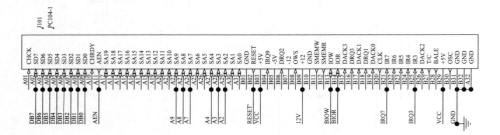

图 9.5.5　WYY-1型气象三要素仪接口电路

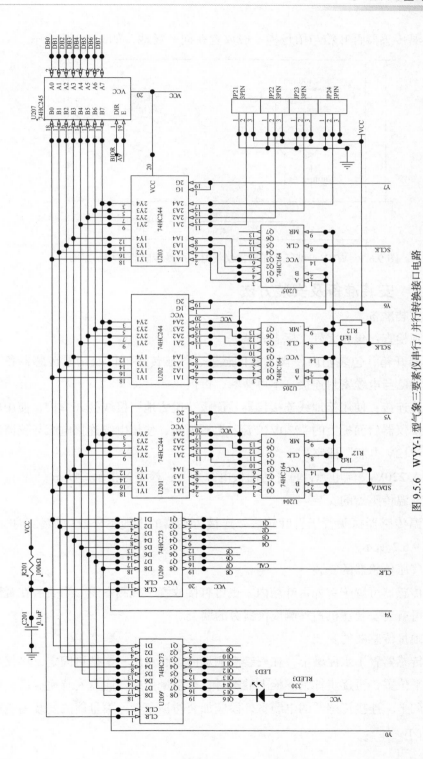

图 9.5.6 WYY-1 型气象三要素仪串行／并行转换接口电路

⑤气温传感器百叶箱与雨量桶一般放置在同一场地，如图 9.6.1 所示。

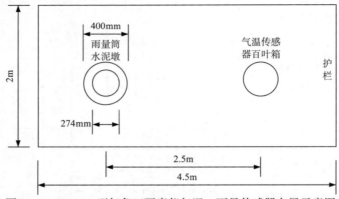

图 9.6.1　WYY-1 型气象三要素仪气温、雨量传感器布局示意图

9.6.2　安装准备及安装方法

（1）安装准备

①外观检查：包装完好、标志完整。

②仪器开箱：包装箱内，含气温传感器、气压传感器以及雨量传感器各一套，传感器已与电缆密封连接，不可剪断、折损。

③线缆连接：使用接地线连接仪器后面板"避雷地"接线柱并焊接，使用电源电缆连接仪器后面板上的"220V 交流"电源插座，使用电缆连接电瓶与仪器后面板上的"12V 电瓶"插座。

④接入 220V 交流电源，打开后面板电源开关；检查各指示灯状态。

（2）气温传感器的安装

将气温传感器探头置于百叶箱内，连接传感器的电缆室外段应加装防护套管，如图 9.6.2 所示。

（3）气压传感器的安装

气压传感器可置于室外百叶箱内，也可直接放置于观测室内。当安装在观测室内时，可就近安装在机柜外侧或仪器旁的墙上。

（4）雨量传感器的安装

雨量传感器置于水泥墩上，在安装观测场内，底盘用三个螺钉固定，将仪器调整到水平位置，再逐步拧紧螺栓上的螺母，待雨量传感器底盘安装完成后，对底盘进行调平。连接传感器的电缆室外段应加装防护套管。雨量筒的安装固定如图 9.6.3 所示。

图 9.6.2 WYY-1 型气象三要素仪 气温传感器及百叶箱安装

图 9.6.3 WYY-1 型气象三要素仪 雨量筒的安装固定

（5）主机安装

有标准机柜时，主机直接放置在柜架上。接通电源前，应打开机箱进行检查，查看机箱内部有无接线、元件、固定螺丝松动、脱落，确认无误后再合上机箱通电。正常工作时，仪器前面板上的系统状态指示灯（绿灯）应闪烁。

9.7　仪器功能及参数设置

9.7.1　WEB 网页参数设置

（1）网页简介

在 IE 浏览器中输入 IP 地址"211.100.239.35"（仪器出厂默认值），通过认证方式由浏览器访问主页。默认的用户名为：administrator。

（2）查看状态信息（图 9.7.1）

查看状态信息页面，可以浏览仪器参数、系统时钟、当前测值等。

（3）设备控制及参数修改

通过设备控制及参数修改页面，用户可远程进行复位、交流源控制、参数（台站代码、IP 地址、台站经纬度、高程、用户管理等）修改。

（4）管理员权限修改

该系统的管理权限分为管理员、超级用户、一般用户。管理员用户名：administrator。超级用户用户名：super。一般用户用户名：general。

管理员权限：浏览页面，下载数据，设置仪器。超级用户权限：浏览页面，下载数据。一般用户权限：浏览页面。

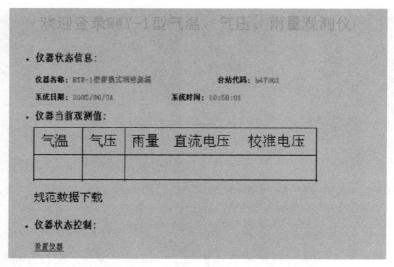

图 9.7.1　WYY-1 型气象三要素仪"仪器状态信息"页面

9.7.2　FTP 文件传输

通过使用 FTP 文件传输功能，用户可进行仪器参数的查看、修改，观测数据与运行日志下载，软件升级等。注意，通过 FTP 方法设置或修改仪器参数后，需重新启动仪器。

FTP 服务操作说明如下。

（1）在 Windows 操作系统上，转到 DOS 命令行方式。

（2）键入"ftp"和 仪器 IP 地址，回车，如"ftp 211.100.239.35"，或者输入"ftp"，进入 FTP 客户端程序后，输入"open　211.100.239.35"。

（3）连接仪器后，输入用户名和密码。仪器默认的用户名为：administrator。

（4）用"ls"或"ls *.dat"命令，查看仪器产出的数据文件。

（5）用"ls *.log"命令，查看仪器产出的日志文件。

（6）用"get"命令，下载数据，格式为"get　要下载的文件名　本地文件名"。如"get.　20101212.dat　d:\20101212.dat"表明要下载"20101212.dat"文件，存到本地 D 盘的根目录下，文件名也是"20101212.dat"。

（7）利用"put"命令上传文件，格式为"put　本地文件名　远程文件名"。如："put　d:\serial.ini　serial.ini"表明将本地 D 盘中的"serial.ini"文件上传到仪器，上传以后的文件名也是"serial.ini"。

（8）修改仪器序列号：用"get　serial.ini　本地文件名"命令获取仪器的序

列号文件，修改本地文件，修改数据后用"put"命令上传。

（9）修改仪器 IP 地址：用"get"命令获取"wattcp.cfg"文件，修改参数后用"put"命令上传。

（10）修改仪器格值：用"get"命令获取"param.ini"文件，修改参数后用"put"命令上传。

（11）修改台站代码及经纬度：用"get"命令获取"station.ini"文件，修改参数后用"put"命令上传。

（12）修改网络登录用户权限：用"get"命令获取"httplog.ini"文件，修改参数后用"put"命令上传。

（13）修改前兆管理软件收数时用户权限：用"get"命令获取"httpapp.ini"文件，修改参数后用"put"命令上传。

（14）修改 FTP 登录用户权限：用"get"命令获取"ftppass.ini"文件，修改参数后用"put"命令上传。

（15）参数文件"param.ini""serial.ini""station.ini""wattcp.cfg"在当前目录。

9.7.3　系统配置文件

系统配置文件与数据文件均保存在 CF 卡的 MYAPP 目录下，配置文件为隐藏文件，数据文件为可见文件。

（1）数据格值配置文件：param.ini；

（2）台站代码及经纬度配置文件：station.ini；

（3）仪器序列号配置文件：serial.ini；

（4）仪器 IP 地址配置文件：wattcp.cfg；

（5）FTP 方式用户配置文件：ftppass.ini；

（6）网页方式用户配置文件：httplog.ini；

（7）软件命令方式用户配置文件：httpapp.ini；

（8）网络对时服务配置文件：sntppara.ini。

9.8　仪器校测及检查

9.8.1　标定工具

（1）四位半以上数字电压表一台，使用前须经计量部门检验或与经过计量部门检验的标准电压表进行比对，确认该设备读数的准确性与精确度。

（2）读数误差小于 0.1℃ 的一等水银温度计三支（–25 ~ 0℃，0 ~ 25℃，25 ~ 50℃）。

（3）读数误差小于 0.1% 满度值的标准气压计一支，其气压传感器尽量与观测仪器为同一种规格。

（4）分辨率大于 0.1mL 的量杯一个，推荐使用医用注射器作为标准容器。

（5）工具：螺丝刀等。

9.8.2　标定间隔

（1）仪器可实现 A/D 自动校准与传感器现场标定。一般情况下，一年现场标 / 定一次；特殊情况下，可两年在实验室标定一次。

（2）标定气温、气压时，一天内分三个时段完成，即当天 8:00 进行标定后，12:00、22:00 分别进行标定，并计算线性误差。

（3）进行雨量标定时，要断开与仪器的连接线，以免造成错误记录。

9.8.3　气温传感器的标定

采用比较法进行标定，具体操作如下。

（1）将标准水银温度计与气温传感器探头置于同一环境中，工作稳定时间不小于 10min。

（2）两人分别进行读数操作，一人读取标准水银温度计数据，另一人读取仪器记录的气温数据。

（3）如果二者读数出现差异，打开主机箱，调节机箱内侧电路板上的微调电位器 W1，直到二者读数一致为止。

9.8.4　气压传感器的标定

采用比较法进行标定，具体操作如下。

（1）将标准气压计与气压传感器置于同一观测环境中，工作稳定时间不小于 5min。

（2）两人分别进行读数操作，一人读取标准气压计数据，另一人读取仪器记录的气压数据。

（3）如果二者读数出现差异，打开气压传感器外壳，调节气压传感器的微调电位器 Wz，使得其输出读数与标准气压计读数相同。

若以同类型气压传感器为标准,可直接测量电压值进行比较。

9.8.5　雨量传感器的标定

使用标准容器,向承雨器内注入已知量的清水,每注入 3.14mL 水,翻斗翻转一次,计数器读数相应加 1。

连续注入 N 倍 3.14mL 的清水,计数器相应计数为 N,将计数与主机记录的读数进行比较。

当计数器读数偏小或偏大时,调节翻斗容积调节旋钮,改变翻斗容积,反复数次,直到计数器读数与主机记录读数相等,即完成标定。

建议采用医用注射器作为标准容器;若使用量杯,应注意掌握好注水速度。

9.9　常见故障及排除方法

根据 WYY-1 型气象三要素仪在全国地下流体台网中的运行及故障情况统计,结合研发专家提供的资料,总结了故障甄别分析及排除方法一览表(表 9.9.1),表中分别列出了故障现象、可能故障原因、排除方法等信息。此外,结合仪器研制生产专家提供的信息,筛选出了该仪器的典型故障维修实例,内容详见 9.10 节,供仪器使用维修人员参考。

表 9.9.1　WYY-1 型气象三要素仪故障甄别分析及排除方法一览表

序号	故障单元	故障现象	可能故障原因	排除方法
1	供电	电源指示灯不亮,通电后仪器不工作	电源故障	检查电源接线和保险丝,修复不良接触点
2		仪器时钟显示异常,重启后显示 1980 年	主板上锂电池故障	更换锂电池
3	主机	气温测量结果与实际测量值有明显偏差	气温传感器、气温控制板的接线松动	检查连接线缆
4	通信单元	网络无法连接,ping 不到仪器主机 IP	网线故障、IP 地址配置错误	检查连接主板到仪器后面板的电缆线,恢复并配置仪器 IP 地址
5		无法找到仪器 IP,无法访问仪器主页	IP 地址恢复成出厂值	断电,将 JP24 跳至 1、2 脚,上电,等仪器工作正常,IP 地址恢复到出厂值,断电,再将 JP24 跳至 2、3 脚,上电,等仪器工作正常即可

续表

序号	故障单元	故障现象	可能故障原因	排除方法
6	通信单元	仪器工作正常，管理系统无法自动采集数据	仪器参数错误	检查软件的配置参数，主要检查 IP 地址配置，端口号配置，仪器 ID 配置，用户名、密码的配置以及仪器时钟与台网中心服务器时钟的时差是否小于 10min。根据以上检查步骤检查，配置相关参数
7	传感器	气温测量结果与实际测量值有明显偏差	气温传感器故障	检查处理气温传感器、气温控制板间的接线松动或者更换气温传感器
8		气压测量结果与实际测量值有明显偏差	气压传感器故障	气压传感器、气压控制板间的接线松动，气压传感器的传感口有灰尘或阻挡物，进行相应处理
9		雨量测值一直为"0"	雨量传感器故障	检查集雨器与漏斗是否堵塞，干簧管是否能够正常吸合，磁铁是否具有足够磁性，雨量端口电压是否为低电平。根据以上检查步骤进行检查，发现故障点后进行修复，更换元器件

9.10　故障维修实例

9.10.1　电源指示灯不亮

（1）故障现象

电源指示灯不亮，通电后仪器不工作。

（2）故障分析

检查交、直流供电是否正常，检查各接线处是否接触不良，检查保险丝是否熔断。若供电正常，说明主板硬件有问题，见图 9.10.1。

（3）维修方法及过程

检查电源接线和保险丝，修复不良接触点。

9.10.2　系统状态指示灯不闪

（1）故障现象

仪器面板系统状态指示灯不闪，仪器工作不正常，见图 9.10.2。

（2）故障分析

仪器前面板系统状态指示灯不闪，说明监控软件死机或主控电路未正常工作。

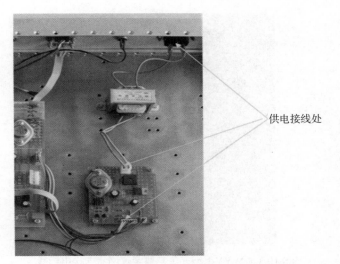

图 9.10.1　WYY-1 型气象三要素仪供电故障检查点

图 9.10.2　WYY-1 型气象三要素仪系统状态指示灯

（3）维修方法及过程

按前面板上的复位键或断电后重启，可恢复正常；如果不行，需更换电源板。

9.10.3　网络连接电缆线引起的网络连接失败

（1）故障现象

网络无法连接，ping 不到仪器主机 IP。

（2）故障分析

检查连接主板到仪器后面板的网线，当接上网线时，绿灯亮，否则网线不正常，再检查连接仪器与计算机的网线是否正常，当所有网线连接都正常时，则检查 IP 地址配置或通过恢复出厂值来重新配置网络参数，见图 9.10.3。

（3）维修方法及过程

检查连接主板到仪器后面板的电缆线，恢复并配置仪器 IP 地址。

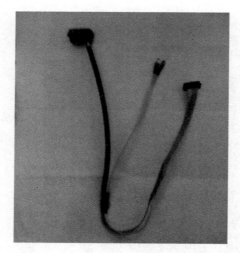

图 9.10.3　WYY-1 型气象三要素仪网络连接电缆线

9.10.4　无法找到仪器 IP

（1）故障现象

无法找到仪器 IP，无法访问仪器主页。

（2）故障分析

一般由忘记了仪器 IP 地址所致，需要将仪器 IP 地址恢复成出厂值，一般通过 JP24（图 9.10.4）跳线恢复出厂值 IP "211.100.239.35"。

JP24

图 9.10.4　WYY-1 型气象三要素仪 IP 恢复电路位置

（3）处理措施

断电，将 JP24（图 9.10.5）跳至 1、2 脚短路，上电，等仪器工作正常，IP 地址恢复到出厂值，断电，再将 JP24 跳至 2、3 脚短路，上电，仪器即可恢复正常工作。

9.10.5 气温测量结果误差过大

（1）故障现象

气温测量结果与实际值有明显偏差。

出厂跳线状态

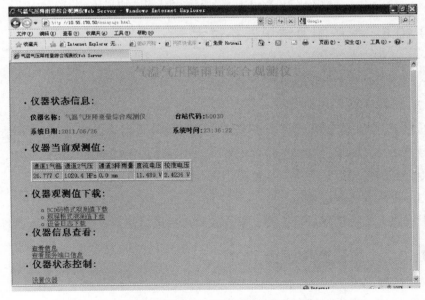

图 9.10.5 出厂跳线状态

（2）故障分析

通过 IE 检查校准电压是否正常；通电状态下，检查气温传感器电源电压（12V）和信号电压（<2.0V)是否正常；断电后检查铂电阻是否开路，PT+ ~ PT–（1-5 脚）的电阻等于 PT+ ~ GND（2-5 脚）的电阻，且应在 100Ω 左右，PT– ~ GND（1-2 脚）的电阻应很小，应在 5 Ω 以下；检查气温控制板的接线是否松动，见图 9.10.6 ~ 图 9.10.8。

（3）维修方法及过程

根据以上检查步骤进行检查，发现故障点后进行修复，更换相应元器件。

图 9.10.6 WYY-1 型气象三要素仪通过 IE 检查校准电压

图 9.10.7　WYY-1 型气象三要素仪传感器电源电压检查

气温控制板

图 9.10.8　WYY-1 型气象三要素仪铂电阻检查

9.10.6　气压测量结果误差过大

（1）故障现象

气压测量结果与实际值有明显偏差。

（2）故障分析

通过 IE 检查校准电压是否正常；检查气压传感器电源电压（1-2 脚：12V）和信号电压（3-2 脚：<2.2V) 是否正常；检查气压控制板的接线是否松动；检查气压传感器的传感口是否有灰尘或阻挡物，见图 9.10.9、图 9.10.10。

（3）维修方法及过程

根据以上检查步骤进行检查，发现故障点后进行修复，更换相应元器件。

9.10.7　雨量测值恒为"0"

（1）故障现象

雨量测值一直为"0"。

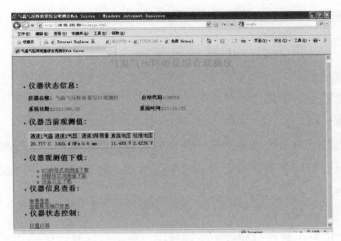

图 9.10.9　通过 IE 检查校准电压

图 9.10.10　检查传感器电源电压

（2）故障分析

检查集雨器与漏斗是否堵塞；检查翻斗是否不翻，见图 9.10.11，取下雨量桶的集雨器，拨动翻斗，观察主机是否有相应读数，若无读数，则检查干簧管是否能够正常吸合；检查磁铁是否具有足够磁性；检查主板的雨量端口电压是否为低电平。

（3）维修方法及过程

根据以上检查步骤进行检查，发现故

图 9.10.11　故障检查点

障点后进行修复，根据检查情况更换相应元器件。

9.10.8　由雷击造成的综合性故障

（1）故障现象

仪器遭受雷击，不能工作。

（2）故障分析

雷击造成的故障一般比较复杂，首先应快速查找故障部位，步骤如下：检查电源供电情况，电压是否正常；检查主板（负载）电源输入端电阻是否正常；检查各个传感器。

（3）维修方法及过程

根据以上检查步骤进行检查，发现故障点后进行修复，更换相应元器件。

9.10.9　收数时软件连接不上

（1）故障现象

仪器工作正常，管理系统无法自动采集数据。

（2）故障分析

检查软件的配置参数，主要检查 IP 地址配置，端口号配置，仪器的 ID 配置，用户名、密码配置，以及仪器的时钟与台网中心服务器的时钟时差是否小于10min。

（3）维修方法及过程

根据以上检查步骤进行检查，配置相关参数。

9.10.10　仪器时钟不正常

（1）故障现象

仪器时钟显示异常，重启后显示 1980 年。

（2）故障分析

当仪器时钟不对时，可通过 IE 网页或软件方式进行对时；断电后时钟回到1980 年，说明主板上的时钟电池电量不足，如图 9.10.12 所示。

（3）维修方法及过程

重新配置时间参数；若断电后时钟回到 1980 年，则需更换电池或联系厂家。

图 9.10.12　WYY-1 型气象三要素仪时钟电池

9.10.11　接头虚焊引起数据异常

（1）故障现象

昌黎何家庄地震台 WYY-1 型气象三要素仪气温数据异常。

该仪器温度经常阶跃至最大值 72℃。

（2）故障分析

现场检查后探头并无异常，连接线正常，检查插口至线路板无异常。后经仔细检查，发现主机侧挂小板一卡槽有虚焊点。

（3）维修方法及过程

将虚焊点焊牢，数据恢复正常。

9.10.12　253 芯片引起的数据异常

（1）故障现象

开机后查看网页，第一个数据正常，从第二个数据开始出现错误。

（2）故障分析

串口驱动芯片故障。

（3）维修方法及过程

咨询厂家，可能为控制通道切换的 253 芯片故障，致使测量通道不能正常切换，造成第一个数据正常，从第二个数据开始出现错误。更换 253 芯片后，数据恢复正常。

9.10.13　电子盘故障引起仪器无法正常启动

（1）故障现象

药王庙台 WYY-1 型气象三要素仪系统状态指示灯常亮，仪器不能工作。

（2）故障分析

电子盘故障。

（3）维修方法及过程

更换电子盘，故障排除。

9.10.14　工控板外侧插座短路环接触不良

（1）故障现象

新城子台 WYY-1 型气象三要素仪在雨天降雨量测值恒为"0"。

（2）故障分析

雨量传感器工作正常，其他测项值正常。工控板外侧插座短路环接触不良。

（3）维修方法及过程

更换短路环。

9.10.15　传感器故障引起气温测值异常

（1）故障现象

盘锦台 WYY-1 型气象三要素仪气温测值异常，高出正常值很多，其他测项值正常。

（2）故障分析

气温传感器损坏，用万用表检测气温传感器三线间的电阻，两线间为短路，与另外一线为断路，说明气温传感器内的铂电阻出现了故障。

（3）维修方法及过程

更换气温传感器。

10 RTP-Ⅱ型气象三要素仪

10.1 简介

RTP-Ⅱ型气象三要素仪由中国地震局地壳应力研究所研制生产。仪器的气温传感器采用铂电阻温度传感器，使用温度补偿电路和线性化处理电路，性能可靠，使用寿命长，响应速度快；气压传感器采用薄膜气压传感器，具有长期稳定性好、抗干扰能力强、灵敏度高、温漂小等特点；雨量传感器采用双层翻斗式雨量感应器结构，简单可靠、使用方便。

10.2 主要技术参数

（1）气温

测量误差：≤ ±0.1℃；

分辨力：0.01℃；

测量范围：–50 ～ 50℃。

（2）气压

测量误差：≤ 0.2%F.S；

分辨力：0.1hPa；

测量范围：0 ～ 1100hPa。

（3）雨量

测量误差：≤ ±4%；

分辨力：0.1mm；

测量范围：小于 4mm/min。

（4）主机

采样率：1 次 /s；

数据存储容量：大于 1 个月，掉电数据不丢失；

支持标准以太网接口，10/100M 自适应，支持 TCP/IP 协议。

10.3　测量原理

10.3.1　雨量测量原理

RTP-Ⅱ型气象三要素仪的测量原理与 WYY-1 型气象三要素仪的相同，详见 9.3 节。本仪器承雨器使用上海气象仪器厂有限公司生产的"SL3-1 型遥测雨量感应器"，如图 10.3.1 所示。

10.3.2　温度测量原理

气温传感器使用日本生产的一等精度铂电阻温度传感器 PT1000，配以精密恒流源、精密仪表放大器，制作成精密电阻－电压变换器，使 PT1000 的电阻值直接变换为电压值进行采集，如图 10.3.2 所示。

图 10.3.1　RTP-Ⅱ型气象
三要素仪雨量感应器

图 10.3.2　RTP-Ⅱ型气象三要
素仪气温传感器

10.3.3　气压测量原理

气压传感器使用精密绝压式硅压力传感器，配以精密稳流源、精密仪表放大器，能稳定、可靠地探测气压变化，如图 10.3.3 所示。

为适应地震台站观测中的复杂环境，气温、气压传感器电路的设计中均使用了二线制电流传输，可减少传感器信号在长距离传输中因受到环境影响而产生波动变化。

图 10.3.3　RTP-Ⅱ型气象三要素
仪气压传感器

10.4　仪器构成

RTP-Ⅱ型气象三要素仪由主机和传感器两部分组成。传感器包括雨量传感器、气温传感器和气压传感器。主机主要包括数据采集模块、电源模块、网络接口板（兼仪器显示板）、前面板、后面板，如图 10.4.1 所示。

图 10.4.1　RTP-Ⅱ型气象三要素仪

（1）前面板（图 10.4.2）

前面板指示灯分别为主板工作状态指示灯与 ARM 板（网络板）工作状态指示灯。其中，横向排列的为主板工作状态指示灯：命令指示灯，数据指示灯，

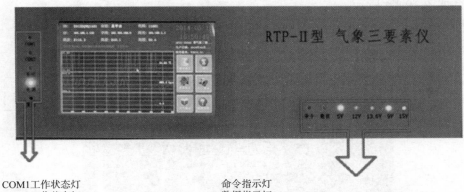

COM1工作状态灯
COM2工作状态灯
操作系统工作状态灯
电源指示灯
复位按钮

命令指示灯
数据指示灯
5V灯：点亮即表示电源板上5V DC/DC工作正常
12V灯：点亮即表示电源板上12V DC/DC工作正常
13.6V灯：点亮即表示主机接入电瓶在正常工作电压范围
9V灯：点亮即表示电源板上9V DC/DC工作正常
15V灯：点亮即表示主机交流电、15V AC/DC模块正常

图 10.4.2　RTP-Ⅱ型气象三要素仪前面板

5V、12V、13.6V、9V、15V 电源指示灯；竖向排列的 ARM 板（网络板）工作状态指示灯为 COM1 工作状态灯、COM2 工作状态灯、操作系统工作状态灯、电源指示灯。

（2）后面板（图 10.4.3）

仪器后面板包括交流电源插座及电源开关（该开关只是交流电源开关，仪器没有直流电源开关，如需给仪器断电，必须使交流电源开关置于关闭状态，且将直流电瓶接头拔下）、交流电源保险丝（220V/0.5A）、12V 电瓶接口、避雷地接线柱、RJ45 接口、USB 接口、气温传感器接口、气压传感器接口、雨量传感器接口（注：连接传感器时注意区分，接口都带有 24V 电压，以免损坏传感器）。

图 10.4.3　RTP-Ⅱ型气象三要素仪后面板实体图

（3）主机

主机内部主要由电源模块、主板及 AD 采集板、网络接口板（兼显示板）组成，如图 10.4.4 所示。

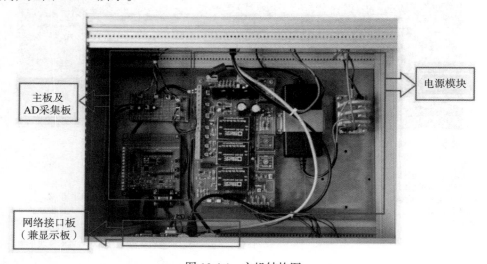

图 10.4.4　主机结构图

（4）主板

仪器的数据转换与数据采集，在机箱里体现为两块电路板，靠后面板方向的电路板主要负责为传感器供电、将电流信号转换为电压信号，靠前面板方向的电路板则负责 A/D 转换、数据采集、数据通信、为网络接口板提供秒钟值数据等。

仪器主板电路由以 C8051F350 单片机为核心的基本外围电路和数据采集典型电路构成。C8051F350 单片机内置 8K FLASH、768 字节内部数据 RAM、4 个通用 16 位定时器／计数器、增强型 UART 接口、8 通道高精度 24 位 ADC。其中，气温传感器接入单片机的第 1 通道（差分输入方式），气压传感器接入单片机第 2 通道，而雨量传感器直接接入网络接口板的计数器通道（雨量产出为脉冲量），如图 10.4.5 所示。

图 10.4.5　仪器主板实物图

10.5　电路原理及图件

10.5.1　电路原理框图

RTP-Ⅱ型气象三要素仪的电路主要由气温传感器及其换能电路、气压传感器及其换能电路、雨量传感器、主板电路、网络接口板（兼显示板）电路以及电源电路组成，电路原理框图见图 10.5.1。

10.5.2　电路原理分析

（1）电源及信号变换板（图 10.5.2）

当市电交流供电时，12V 免维护电瓶处于浮充电状态；当市电停电后，自动

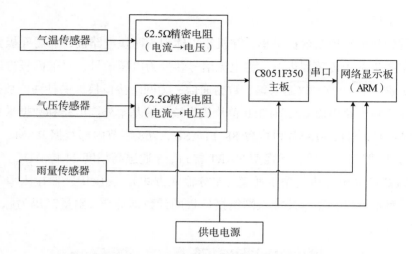

图 10.5.1　RTP 型气象三要素仪电路原理框图

切换为电瓶直流供电。当电瓶电压低于一定电压时，为保护电瓶，三极管 Q1 会截止，电路终止供电。

气温、气压传感器输出电流信号，电源板中采用 62.5Ω 精密电阻，将电流信号转换成电压信号，分别输入到 A/D 中，完成数据采集过程。

雨量传感器输出开关信号，直接接入网络接口板计数接口。

（2）数据采集板（图 10.5.3）

其集成了 C8051F350 单片机的基本外围电路和典型应用电路。

主要芯片及资源：① C8051F350；② 8K FLASH；③ 768 字节内部数据 RAM；④ 4 个通用 16 位定时器／计数器；⑤片内电压比较器；⑥内置温度传感器；⑦ SMBUS、增强型 SPI、增强型 UART 接口；⑧ 16 位可编程计数阵列（PCA）；⑨ 8 通道高精度 24 位 ADC；⑩ 2 通道 8 位电流模式 DAC。

其利用内置 24 位高精度 A/D 转换器将气温、气压采样电阻产生的电压信号，通过 MCU 处理后，利用串口输出至 ARM 网络接口板。

10.6　仪器安装

RTP-Ⅱ型气象三要素仪的安装和调试过程和 WYY-1 型气象三要素仪的安装和调试过程基本一致，具体操作参见 9.6 节。

10.7   仪器功能及参数设置

10.7.1   仪器面板参数设置

单击"参数设定"按钮，弹出如图10.7.1所示对话框，在"授权信息输入"中输入用户名、密码，单击"授权"。授权成功后方可进行仪器各参数设定。每输入一个参数，仪器都将按入网仪器参数规定进行自检，如出现不规范的参数，则会在对话框下部以红色字体提示。

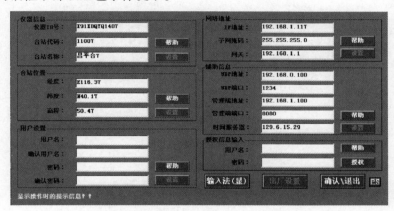

图10.7.1   仪器"参数设定"对话框

10.7.2   WEB 网页参数设置

将 IP 地址输入浏览器中，将显示初始页面。单击屏幕中间字样，进入首页。

（1）首页

仪器首页介绍了 RTP-Ⅱ型气象三要素仪的相关组成及工作原理，展示了各组成部分的照片。同时，用户可通过首页直接查看该仪器的说明书。

（2）仪器指标

该网页中介绍了 RTP-Ⅱ型气象三要素仪的仪器指标与特征等信息。

（3）参数配置

"参数配置"页面见图10.7.2。

（4）仪器安装

"仪器安装"页面见图10.7.3。

（5）仪器检测

"仪器检测"页面见图10.7.4。

查询仪器当前状态信息的结果如图10.7.5所示。

RTP-II 型气象三要素仪

中国地震局地壳应力研究所

| 首页 | 仪器指标 | 参数配置 | 仪器安装 | 仪器检测 | 数据下载 |

仪器ID号按中国地震前兆仪器入网规定，应为12位，厂家在出厂前已经有ID编号，允许各使用单位根据台站或省局特点进行编写，但其编写必须遵照前兆仪器入网规定进行；仪器台站代码为5位台站代码；台站代码与台站名称按省局或台网中心规定执行；经纬度及高程按仪器实际安装位置进行配置即可。

仪器ID号：	X91XDQVQ1401		仪器ID号根据仪器入网规范，输入12个字符作为全国仪器唯一标识
台站代码：	11001		根据规定，全国统一的5位台站代码
台站名称：	昌平台		标准的台站名称，可输入中文
经度：	E116.3		观测点位置的经度信息
纬度：	N40.1		观测点位置的纬度信息
高程：	50.4		观测点位置的高程信息

2 加 20 等于 ▢（输入验证码）

用户名：▢　　密码：▢

[提交] [重置]

仪器IP地址：	192.168.1.117		仪器IP地址更改后，不用重启，仪器会自动生效
子网掩码：	255.255.255.0		按网络中心提供的参数进行配置
网关地址：	192.168.1.1		网关错误，可能导致远程访问不到仪器
管理端地址：	192.168.1.100		配置仪器管理端地址
管理端端口：	8080		配置仪器管理端端口
时间服务器地址：	129.6.15.29		运行网络校时地震局内部SNTP地址
UDP报警地址：	192.168.0.100		报警信息发送目的端
UDP报警端口：	1234		报警信息发送目的端

13 加 8 等于 ▢（输入验证码）

用户名：▢　　密码：▢

[提交] [重置]

图 10.7.2　"参数配置"页面

RTP-II 型气象三要素仪

中国地震局地壳应力研究所

| 首页 | 仪器指标 | 参数配置 | 仪器安装 | 仪器检测 | 数据下载 |

RTP-II型　气象三要素仪，包含有气压传感器、气温传感器、雨量传感器。

气温传感器采用铂电阻式温度传感器、气压传感器采用绝压式传感器。

如出现传感器损坏，进行传感器更换时，务必对下述信息进行更改。根据计量院出具的证书（随机一般为复印件），对常数进行修改，其频率与温度相控的计算公式为多项式拟合。

雨雨量传感器的标定工作，则可通过仪器，进行现场标定。

$$T = A_0 + A_1 \times f + A_2 \times f^2 + A_3 \times f^3 + A_4 \times f^4 \quad （T温度：℃；f频率 kHz）$$

| 测项名称(水温) | 气温 | 测项代码(水温) | 9110 | 单位(水温) | ℃ |
| 标定常数(水温) | A0 -38.9950000000 | A1 0.0750000000 | A2 0.0000007000 | A3 0.0000000000 | A4 0.0000000000 |

7 加 20 等于 ▢（输入验证码）

用户名：▢　　密码：▢

[提交] [重置]

| 测项名称(水温) | 气压 | 测项代码(水温) | 9130 | 单位(水温) | hPa |
| 标定常数(水温) | A0 -270.0000000000 | A1 1.1000000000 | A2 0.0000000000 | A3 0.0000000000 | A4 0.0000000000 |

图 10.7.3　"仪器安装"页面

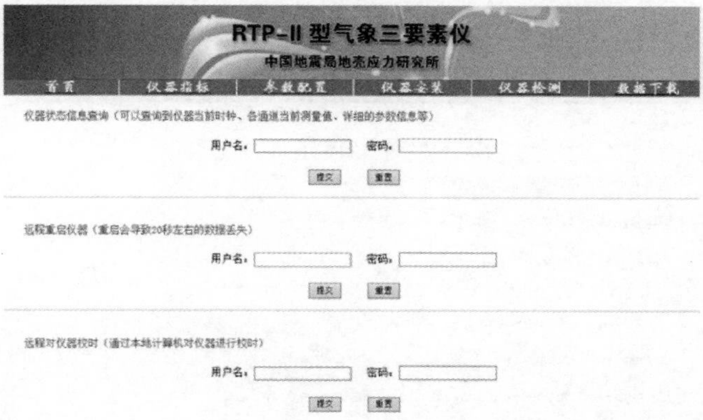

图 10.7.4 "仪器检测"页面

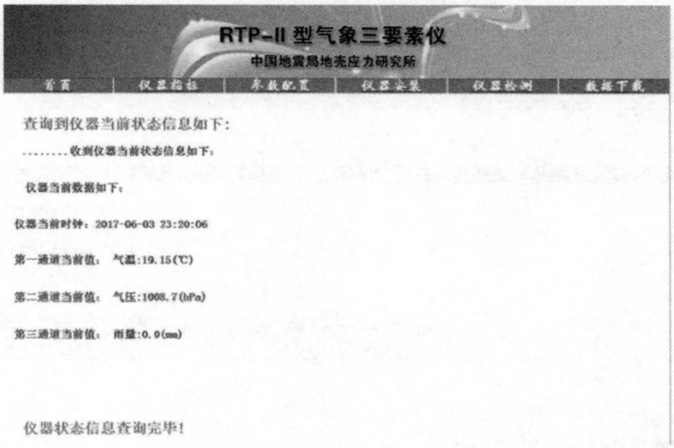

图 10.7.5 RTP-Ⅱ型气象三要素仪网页——查询仪器当前状态信息结果

（6）数据下载

"数据下载"页面见图 10.7.6。

10.7.3 FTP 文件传输

RTP-Ⅱ型气象三要素仪支持 FTP 协议，可通过 FTP 软件下载仪器数据、更新软件。FTP 文件夹列表见图 10.7.7。

通过 FTP 登录到仪器，可以看到如图 10.7.7 所示 4 个文件夹。其中"data"文件夹用来保存数据及网页，"parameter"文件夹用来保存参数以及一些与网页交互的临时数据，"update"文件夹用来进行软件更新，"exe"文件夹用来保存可执行文件。

图 10.7.6 "数据下载"页面

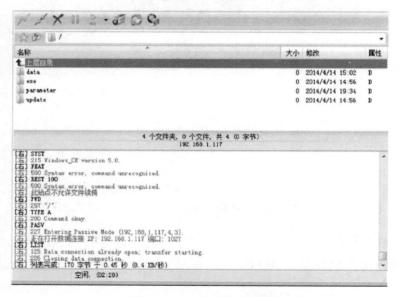

图 10.7.7 FTP 文件夹列表

10.7.4 数据存储与读取

在仪器"数据下载"页面用户可以浏览并下载五种类型的数据。浏览方式为：鼠标左键单击数据文件文件名，即可打开文件浏览。数据下载方式为：鼠标右键单击数据文件的文件名，选择"目标另存为"，在弹出的对话框中选择保存文件的路径，确认即可。这五种类型的数据包括"十五"规程格式的数据文件（物理量文件），该文件为符合"十五"通信规程格式的数据文件。该文件的文件名格式为"yyyymmdd.sw",例如"20140415.sw"表示 2014 年 4 月 15 日的观测数据。具体格式如图 10.7.8 所示。

该仪器的秒钟值文件(电压量文件,秒采样)的文件名为"yyyymmdd.sec",其格式如图 10.7.9 所示。

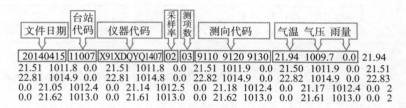

图 10.7.8　观测数据文件格式

秒钟值	气温	气压	雨量
00:00:00	21.94	1009.8	0.0
00:00:01	21.94	1009.7	0.0
00:00:02	21.94	1009.7	0.0
00:00:03	21.94	1009.8	0.0
00:00:04	21.94	1009.8	0.0
00:00:05	21.94	1009.7	0.0
00:00:06	21.94	1009.7	0.0
00:00:07	21.95	1009.7	0.0

图 10.7.9　秒钟值文件数据格式

时间:格式为"hh:mm:ss",从 00:00:00 至 23:59:59;若某时刻缺数,则跳过该时刻,直至某一时刻成功收取数据为止。气温值:"21.94"即为 21.94℃。气压值:"1009.8"即为 1009.8hPa。雨量值:"0.0"即为 0.0mm。

10.8　仪器校测及检查

RTP-II型气象三要素仪的校测和检查过程,与 WYY-1 型气象三要素仪的基本一致,操作可参见 9.8 节。

10.9　常见故障及排除方法

根据全国地球物理台网中 RTP-II型气象三要素仪的常见故障信息统计,结合研发专家提供的资料,综合梳理出故障现象、可能故障原因及排除方法一览表(表 10.9.1);同时,筛选整理了该仪器的典型故障维修实例,内容详见 10.10 节,供仪器使用维修相关人员参考。

表 10.9.1　RTP-II 型气象三要素仪故障分析及排除方法一览表

序号	观测环节	故障现象	可能的故障原因	排除方法
1	供电	通电后面板无显示	交流电源插座保险管断	更换保险丝
2			AC/DC 电源模块故障	更换 AC/DC 电源模块
3		网络连接不通	电源故障	检修电源
4		网络不通，面板 5V 状态灯不亮	5V DC/DC 模块故障	更换电源板上 5V DC/DC 模块
5	主机	1. 输出与真实值严重不符，更换测试电阻后输出值偏差较大； 2. 输出为空值	数据采集板故障	检修或更换数据采集板
6		1. 通电后面板无显示； 2. 主机启动未完成，停留在开机画面； 3. 仪器指示灯指示不正常	ARM 网络显示板故障	断电后重启主机，仍工作不正常，更换 ARM 网络显示板
7		仪器开机后不能正常进入程序，直接进入 WinCE 界面	CF 卡损坏或 CF 卡存储单元损坏	更换 CF 卡或者维修 ARM 网络显示板
8		电压值为"999999"	串口通信故障	更换串口线或者串口驱动芯片
9	通信单元	网络连接不通	网络故障	检修或更新 ARM 网络显示板
10		原始文件不能正常产生"十五"格式文件	软件版本过低	将新主程序"main.exe"通过 FTP 上传至"update"文件夹后重启主机
11		仪器开机后不能正常进入程序，直接进入 WinCE 界面	"EXE"文件夹中的"updatesoftware.exe"文件损坏	在 WinCE 界面下，通过 FTP 将"updatesoftware.exe"复制到"EXE"文件夹中，断电重新启动恢复正常
12	传感器	某一测项数据明显与当前环境温度或气压不符，且另一测项正常	气温或气压传感器故障	更换气温或气压传感器
13		雨量筒注水试验时雨量数据仍为 0	雨量传感器	1. 集雨器与漏斗是否堵塞，翻斗是否不翻； 2. 取下雨量桶的集雨器，拨动翻斗，观察主机是否有相应读数； 3. 检查干簧管是否能够正常吸合，检查磁铁是否具有足够磁性； 4. 检查主板的雨量端口电压是否为低电平

10.10　故障维修实例

10.10.1　电源模块故障导致无法正常启动

（1）故障现象

网络不通，面板 5V 灯不亮。

（2）故障分析

5V DC/DC 模块故障导致无 5V 输出，数据采集板未能正常供电。

（3）维修方法及过程

AC/DC 输出 15V 接入电源板，在电源板上找到 5V DC/DC 模块，更换同型号模块。同样，若 12V 灯不亮，检查 12V DC/DC 模块并进行更换。

10.10.2　主板故障引起缺数

（1）故障现象

采集数据为空值，仪器指示灯指示不正常，状态灯长亮。

（2）故障分析

主板、探头故障。

（3）维修方法及过程

将仪器后面板上的气温传感器接头断开，接入新传感器进行测试，仪器面板显示气温值错误，说明主机工作不正常，更换主板后工作正常。

10.10.3　不能产生"十五"格式文件

（1）故障现象

原始文件不能正常产生"十五"格式文件。

（2）故障分析

软件版本过旧，或需要升级。

（3）维修方法及过程

通过 FTP 登录仪器，在"data\worklog\"路径下找到"version.txt"文件，文件中包含现有运行程序的版本信息，将主程序"main.exe"通过 FTP 上传至"update"文件夹后重新启动主机即可。

10.10.4　不能正常进入程序主页面

（1）故障现象

仪器开机后不能正常进入程序，直接进入 WinCE 界面。

（2）故障分析

"exe"文件夹中的"updatesoftware.exe"文件损坏、CF卡损坏、ARM板CF卡存储单元损坏等。

（3）维修方法及过程

在WinCE界面下，通过FTP将"updatesoftware.exe"复制到"exe"文件夹中，断电重新启动恢复正常。

10.10.5 下雨时雨量测值为"0"

（1）故障现象

雨量测值一直为"0"。

（2）故障分析

集雨器与漏斗是否堵塞，翻斗是否不翻。取下雨量桶的集雨器，拨动翻斗，观察主机是否有相应读数；若无读数，则检查干簧管是否能够正常吸合，检查磁铁是否具有足够磁性，检查主板的雨量端口电压是否为低电平。

（3）维修方法及过程

根据以上检查步骤进行检查，发现故障点后进行修复，更换元器件。

10.10.6 数据无法自动采集

（1）故障现象

仪器工作正常，管理系统无法自动采集数据。

（2）故障分析

检查软件的配置参数，主要检查IP地址配置，端口号配置，仪器的ID号配置，用户名、密码的配置以及仪器的时钟与台网中心服务器的时钟时差是否小于10min，见图10.10.1。

（3）维修方法及过程

根据以上步骤进行检查，配置相关参数。

10.10.7 收取不到前一天的数据

（1）故障现象

仪器工作正常。数据库偶尔收取不到前一天的数据。

（2）故障分析

查看仪器网页，发现没有前一天的数据文件，怀疑是软件问题。使用秒钟值

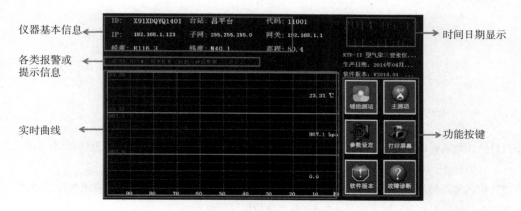

图 10.10.1　RTP-Ⅱ型气象三要素仪液晶显示板

数据人工产出数据入库，并联系厂家。

（3）维修方法及过程

厂家更新仪器软件后，问题得到解决。

10.10.8　收取不到当天的数据

（1）故障现象

刚安装的仪器，数据库收取不到当天数据。

（2）故障分析

使用"十五"通信调试软件分别收取当天数据和前一天数据，发现两天的数据传输速率不一致。

（3）维修方法及过程

厂家更新仪器软件后，问题得到解决。

参考文献

[1] 全国地震标准化技术委员会 . 地震台站观测环境技术要求 第 4 部分：地下流体观测：GB/T 19531.4—2004[S]. 北京：中国标准出版社，2004.

[2] 中国地震局监测预报司 . 地震地下流体理论基础与观测技术 [M]. 北京：地震出版社，2007.

[3] 中国地震局地震预测研究所 .LN-3A 数字水位仪使用说明书 [Z]. 2006.

[4] 中国地震局地壳应力研究所 .SWY-II 型数字式水位仪使用说明书 [Z]. 2011.

[5] 中国地震局地壳应力研究所 .SZW-1A 型数字式温度计使用说明书 [Z]. 2006.

[6] 中国地震局地壳应力研究所 .SZW-II 型数字式温度计使用说明书 [Z].2014.

[7] 中国地震局分析预报中心 .SD-3A 型自动测氡仪使用说明书 [Z]. 1999.

[8] 中国地震局地震预测研究所 .RG-BQZ 型自动数字测汞仪使用说明书 [Z]. 2006.

[9] 北京陆洋科技开发有限公司 .RG-BS 数字智能测汞仪使用说明书 [Z].2006.

[10] 中国地震局地壳应力研究所 .WYY-1 型气温、气压、雨量综合测量仪使用说明书 [Z].2013.

[11] 中国地震局地壳应力研究所 .RTP-II 型气温、气压、雨量综合观测仪使用说明书 [Z].2014.

[12] 陈希有 . 电路理论基础 [M]. 北京：高等教育出版社，2004.

[13] 刘祖刚 . 模拟电子电路原理与设计基础 [M]. 北京：机械工业出版社，2012.

[14] 阎石，王红 . 数字电子技术基础 [M]. 北京：高等教育出版社，2011.

[15] 全建军，陈美梅，赖见深，等 . 永安地震台数字化 SWY-II 水位仪观测概况与仪器维护 [J]. 华南地震，2015，35（1）：112-118.

[16] 吴海波，邓阳，王刚，等 .LN-3A 数字地震水位仪故障分析与解决 [J]. 内陆地震，2013，27（3）：282-286.

[17] 何案华，贾鸿飞，王宝锁，等 .SWY-II 型水位仪的研制 [J]. 大地测量与地球动力学，2012，32（6）：156-159.

[18] 刘国俊，胡玉良，宋乃波，等 . 数字化水位仪 LN-3A 常见故障类型及排除方法 [J]. 山西地震，2012，32（1）：31-33，41.

[19] 龚永俭，陈嵩，胡雪琪，等 .SZW-1A 型数字式温度计（V2004）通讯故障诊断及排除 [J]. 内陆地震，2013，27（4）：370-375.

[20] 李强，陈敏，陈雷，等 .SZW 系列数字温度计维护 [J]. 地震地磁观测与研究，2013，34（3/4）：134-139.

[21] 李志鹏，赵冬 .SD-3A 型自动测氡仪故障检修 [J]. 四川地震，2012（3）：30-31.

[22] 刘就英，何其武，赖细华，等 .SD-3A 测氡仪观测故障及解决方法 [J]. 防灾科技学院学报，2011，13（2）：62-65.

[23] 张文男，杨静，黄春玲 .RG-BS 型测汞仪故障及其对观测数据影响的分析 [J]. 山西地震，2017（2）：8-10.

[24] 全建军，刘水莲，赖见深，等 .WYY-1 型气象三要素雨量传感器常见故障的分析及排除 [J]. 华南地震，2015，35（2）：55-59.

[25] 韩军，聂万里 .RTP- Ⅱ型气温气压雨量综合观测仪常见故障分析与解决 [J]. 内陆地震，2016，30（4）：365-368.